工伤预防科普丛书

网约工工伤预防知识

“工伤预防科普丛书”编委会 编

中国劳动社会保障出版社

图书在版编目（CIP）数据

网约工工伤预防知识 / “工伤预防科普丛书”编委会编. -- 北京：中国劳动社会保障出版社，2021
（工伤预防科普丛书）
ISBN 978-7-5167-5046-9

Ⅰ. ①网… Ⅱ. ①工… Ⅲ. ①工伤事故 – 事故预防 – 基本知识 Ⅳ. ① X928.03

中国版本图书馆 CIP 数据核字（2021）第 168260 号

中国劳动社会保障出版社出版发行
（北京市惠新东街 1 号　邮政编码：100029）
*
三河市华骏印务包装有限公司印刷装订　新华书店经销
880 毫米 × 1230 毫米　32 开本　5.625 印张　114 千字
2021 年 9 月第 1 版　2021 年 9 月第 1 次印刷
定价：25.00 元

读者服务部电话：（010）64929211/84209101/64921644
营销中心电话：（010）64962347
出版社网址：http://www.class.com.cn

“工伤预防科普丛书”编委会

内容简介

随着信息科技的发展，网约工已成为一个数量庞大的新兴职业群体。但是，在网约工这种新的就业形态中，面临着无劳动合同、无社会保险、无劳动保障的“三无”现象，在劳动过程中却又难免会接触各类危险有害因素，给其造成各类职业伤害。因此，以工伤保险与工伤预防保障网约工等新业态职工的安全就业成为迫切需要解决的问题。

本书紧扣社会保障、工伤保险、快递安全生产操作规范等法律法规，详细介绍了网约工在劳动生产过程中应该了解的工伤保险与工伤预防基础知识。本书内容主要包括：工伤保险与工伤预防基础知识、权利和义务、网约工与工伤保险、网约配送员工伤预防、网约车司机工伤预防、网约上门服务人员工伤预防、网约工职业健康知识及事故应急处置与自救互救等内容。

本书所选题目典型性、通用性强，内容浅显易懂，版式设计新颖活泼，漫画配图直观生动，可作为工伤预防管理部门和用人单位开展工伤预防宣传教育培训使用，也可作为广大职工群众增强工伤预防意识、提升安全生产素质的普及性学习读物。

前 言

工伤预防是工伤保险制度体系的重要组成部分。做好工伤预防工作，开展工伤预防宣传和培训，有利于增强用人单位和职工的守法维权意识，从源头减少工伤事故和职业病的发生，保障职工生命安全和身体健康，减少经济损失，促进社会和谐稳定发展。

党和政府历来高度重视工伤预防工作。2009 年以来，全国共开展了三次工伤预防试点工作，为推动工伤预防工作奠定了坚实基础。2017 年，人力资源社会保障部等四部门印发《工伤预防费使用管理暂行办法》，对工伤预防费的使用和管理作出了具体的规定，使工伤预防工作进入了全面推进时期。2020 年，人力资源社会保障部等八部门联合印发《工伤预防五年行动计划（2021—2025 年）》（以下简称《五年行动计划》）。《五年行动计划》要求以习近平新时代中国特色社会主义思想为指导，全面贯彻党的十九大和十九届二中、三中、四中、五中全会精神，坚持以人民为中心的发展思想，完善"预防、康复、补偿"三位一体制度体系，把工伤预防作为工伤保险优先事项，通过推进工伤预防工作，提高工伤预防意识，改善工作场所的劳动条件，防范重特大事故的发生，切实降低工伤发生率，促进经济社会持续健康发展。《五年行动计划》同时明确了九项工作任务，其中包括全面加强工伤预防宣传和深入推进工伤预防培训等内容。

结合目前工伤保险发展现状，立足全面加强工伤预防宣传和深入推进工伤预防培训，我们组织编写了“工伤预防科普丛书”。本套丛书目前包括《〈工伤保险条例〉理解与适用》《〈工伤预防五年行动计划（2021—2025年）〉解读》《农民工工伤预防知识》《工伤预防基础知识》《工伤预防职业病防治知识》《工伤预防个体防护知识》《工伤预防应急救护知识》《建筑施工工伤预防知识》《矿山工伤预防知识》《化工危险化学品工伤预防知识》《机械加工工伤预防知识》《尘毒高危企业工伤预防知识》《交通与运输工伤预防知识》《冶金工伤预防知识》《火灾爆炸工伤预防知识》《有限空间作业工伤预防知识》《物流快递人员工伤预防知识》《网约工工伤预防知识》《公务员和事业单位人员工伤预防知识》《工伤事故典型案例》等分册。本套丛书图文并茂、生动活泼，力求以简洁、通俗易懂的文字普及工伤预防最新政策和科学技术知识，不断提升各行业职工群众的工伤预防意识和自我保护意识。

本套丛书在编写过程中，参阅并部分应用了相关资料与著作，在此对有关著作者和专家表示感谢。由于种种原因，图书可能会存在不当或错误之处，敬请广大读者不吝赐教，以便及时纠正。

“工伤预防科普丛书”编委会

2021年6月

目 录

第1章 工伤保险与工伤预防基础知识

1. 什么是工伤保险?

工伤保险是社会保险的一个重要组成部分，它通过社会统筹建立工伤保险基金，对保险范围内的职工在生产经营活动中或在规定的某些情况下遭受意外伤害、职业病以及因这两种情况造成职工死亡或暂时或永久丧失劳动能力时，职工或其近亲属能够从国家、社会得到必要的物质补偿，以保证职工或其近亲属的基本生活，以及为受工伤的职工提供必要的医疗救治和康复服务。工伤保险保障了工伤职工的合法权益，有利于妥善处理事故和恢复生产，维护正常的生产、生活秩序，维护社会安定。

工伤保险有 4 个基本特点：一是强制性，指国家立法强制一定范围内的用人单位、职工必须参加工伤保险。二是非营利性，工伤保险是国家对职工履行的社会责任，也是职工应该享受的基本权利。国家施行工伤保险制度，目的是保障职工的安全健康，因此国家提供所有与工伤保险有关的服务，均不以营利为目的。三是保障性，保障职工在发生工伤事故后，对职工或其近亲属发放工伤保险待遇，保障其生活。四是互助互济性，指通过强制征收保险费，建立工伤保险基金，由社会保险行政部门调剂使用。

法律提示

2003 年 4 月 27 日《工伤保险条例》以国务院令第 375 号公布，2004 年 1 月 1 日生效实施。2010 年 12 月 8 日，《国务院关于修改〈工伤保险条例〉的决定》由国务院令第 586 号公布，自 2011 年 1 月 1 日起施行。

现行《工伤保险条例》分 8 章 67 条，各章内容如下：第一章总则，第二章工伤保险基金，第三章工伤认定，第四章劳动能力鉴定，第五章工伤保险待遇，第六章监督管理，第七章法律责任，第八章附则。

2. 我国工伤保险制度的适用范围是什么?

《工伤保险条例》规定：中华人民共和国境内的企业、事业单位、社会团体、民办非企业单位、基金会、律师事务所、会计师事务所等组织和有雇工的个体工商户（统称为用人单位）应当依照本条例规定参加工伤保险，为本单位全部职工或者雇工（统称为职工）缴纳工伤保险费。中华人民共和国境内的企业、事业单位、社会团体、民办非企业单位、基金会、律师事务所、会计师事务所等组织的职工和个体工商户的雇工，均有依照本条例的规定享受工伤保险待遇的权利。

《工伤保险条例》所规定的“企业”，包括在中国境内的所有形式的企业。按照所有制划分，有国有企业、集体所有制企业、私营企业、外资企业；按照所在地域划分，有城镇企业、乡镇企业；按照企业的组织结构划分，有公司、合伙企业、个人独资企业、股份制企业等。

3. 为什么工伤保险费由用人单位或雇主缴纳?

工伤保险费是由用人单位或雇主按国家规定的费率缴纳的，

职工个人不缴纳任何费用，这是工伤保险与基本养老保险、基本医疗保险等其他社会保险项目的不同之处。个人不缴纳工伤保险费，体现了工伤保险的严格雇主责任。

随着经济、社会的发展，世界各国已达成共识，认为职工在为用人单位创造财富、为社会做出贡献的同时，还冒着付出健康和鲜血的代价。因此，由用人单位缴纳保险费是完全必要和合理的。我国《工伤保险条例》规定，用人单位应当按时缴纳工伤保险费。职工个人不缴纳工伤保险费。用人单位缴纳工伤保险费的数额为本单位职工工资总额乘以单位缴费费率之积。对难以按照工资总额缴纳工伤保险费的行业，其缴纳工伤保险费的具体方式，由国务院社会保险行政部门规定。

4. 申请工伤认定的主要流程有哪些?

（1）发生工伤

职工发生工伤事故，或被诊断为职业病。

（2）提出工伤认定申请

职工所在单位应当自职工事故伤害发生之日或者职工被诊断、鉴定为职业病之日起 30 日内，向统筹地区社会保险行政部门提出工伤认定申请。

用人单位未按规定提出工伤认定申请的，工伤职工或者其近亲属、工会组织在事故伤害发生之日或者被诊断、鉴定为职业病之日起 1 年内，可以直接向用人单位所在地统筹地区社会保险行政部门提出工伤认定申请。

（3）备齐申请材料

1）工伤认定申请表；

2）与用人单位存在劳动关系（包括事实劳动关系）的证明材料；

3）医疗诊断证明或者职业病诊断证明书（或者职业病诊断鉴定书）。

其中，工伤认定申请表应当包括事故发生的时间、地点、原因以及职业伤害程度等基本情况。

（4）社会保险行政部门受理

申请材料完整，属于社会保险行政部门管辖范围且在受理时效内的，应当受理。申请材料不完整的，社会保险行政部门应当一次性书面告知工伤认定申请人需要补正的全部材料。

（5）作出工伤认定

社会保险行政部门应当自受理工伤认定申请之日起 60 日内作出工伤认定的决定，并书面通知申请工伤认定的职工或者其近亲属和该职工所在单位。

5. 什么情形可以认定为工伤和不得认定为工伤？

《工伤保险条例》对工伤的认定作出了明确规定。

（1）认定为工伤的情形

职工有下列情形之一的，应当认定为工伤：

1）在工作时间和工作场所内，因工作原因受到事故伤害的；

2）工作时间前后在工作场所内，从事与工作有关的预备性或者收尾性工作受到事故伤害的；

3）在工作时间和工作场所内，因履行工作职责受到暴力等意外伤害的；

4）患职业病的；

5）因工外出期间，由于工作原因受到伤害或者发生事故下落不明的；

6）在上下班途中，受到非本人主要责任的交通事故或者城市轨道交通、客运轮渡、火车事故伤害的；

7）法律、行政法规规定应当认定为工伤的其他情形。

（2）视同工伤的情形

职工有下列情形之一的，视同工伤：

1）在工作时间和工作岗位，突发疾病死亡或者在48小时之内经抢救无效死亡的；

2）在抢险救灾等维护国家利益、公共利益活动中受到伤害的；

3）职工原在军队服役，因战、因公负伤致残，已取得革命伤残军人证，到用人单位后旧伤复发的。

职工有上述第一项、第二项情形的，按照《工伤保险条例》有关规定享受工伤保险待遇；职工有上述第三项情形的，按照《工伤保险条例》的有关规定享受除一次性伤残补助金以外的工伤保险待遇。

（3）不得认定为工伤的情形

职工符合前述规定，但是有下列情形之一的，不得认定为工伤或者视同工伤：

1）故意犯罪的；

2）醉酒或者吸毒的；

3）自残或者自杀的。

相关链接

田某在某市铸造厂从事铸造工作。某日，车间主任派他到该厂另外一车间拿工具。在返回工作岗位途中，田某被该厂建筑工地坠落的砖块砸伤头部，当即被送往医院救治，后被诊断为脑挫裂伤。出院后，田某向单位申请工伤保险待遇，但是单位认为他不是在本职岗位受伤，因此不能享受工伤保险待遇。田某遂向当地社会保险行政部门投诉，要求认定其为工伤。

当地社会保险行政部门经调查后认为：虽然田某的致伤地点不是在本职岗位，但他是受领导（车间主任）指派离开本职岗位到另一车间拿工具的，故其受伤地点应属于工作场所。这一事故具有一般工伤事故应具备的“三工”要素，即在工作时间、工作地点，因工作原因而受伤。因此，当地社会保险行政部门认定田某为工伤，并责成单位按规定给予田某相应的工伤保险待遇。

6. 申请工伤认定有时间限制吗？

职工发生事故伤害或者按照职业病防治法规定被诊断、鉴定为职业病，所在单位应当自事故伤害发生之日或者被诊断、鉴定为职业病之日起 30 日内，向统筹地区社会保险行政部门提出工伤认定申请。遇有特殊情况，经报社会保险行政部门同意，申请时限可以适当延长。

用人单位未按前款规定提出工伤认定申请的，工伤职工或者其直系亲属、工会组织在事故伤害发生之日或者被诊断、鉴定为职业病之日起 1 年内，可以直接向用人单位所在地统筹地区劳动保障行政部门提出工伤认定申请。

此外，最高人民法院《关于审理工伤保险行政案件若干问题的规定》规定，由于不属于职工或者其近亲属自身原因超过工伤认定申请期限的，被耽误的时间不计算在工伤认定申请期限内。有下列情形之一耽误申请时间的，应当认定为不属于职工或者其近亲属自身原因：

（1）不可抗力；

（2）人身自由受到限制；

（3）属于用人单位原因；

（4）社会保险行政部门登记制度不完善；

（5）当事人对是否存在劳动关系申请仲裁、提起民事诉讼。

按照上述第一项规定应当由省级社会保险行政部门进行工伤认定的事项，根据属地原则由用人单位所在地的设区的市级社会保险行政部门办理。

用人单位未在上述第一项规定的时限内提交工伤认定申请，在此期间发生符合本条例规定的工伤待遇等有关费用由该用人单位负担。

相关链接

2015年8月11日，某家政公司员工肖某因公外出期间遭遇交通事故受伤入院治疗，2016年9月入院拆除体内钢板。2017年2月3日，肖某向市人力资源社会保障局申请工伤认定，市人力资源社会保障局依据《工伤保险条例》第十七条第二款，以肖某申请超过申请时效为由，作出工伤认定申请不予受理决定书，决定不予受理。肖某不服该裁决，以确认于2015年8月11日因公外出遭受的事故伤害为工伤并要求家政公司承担工伤保险责任，向法院提起诉讼。

肖某认为根据《中华人民共和国社会保险法》（以下简称

《社会保险法》）第四十一条第一款规定：“职工所在用人单位未依法缴纳工伤保险费，发生工伤事故的，由用人单位支付工伤保险待遇。”因此其所受伤害应当由家政公司支付工伤保险待遇。法院认为，该法条的适用是以发生工伤事故为前提，即应当有劳动保障行政部门出具的工伤认定书等相关法律文件才可以适用该法条，故肖某提出请求家政公司承担工伤保险责任诉讼请求，依法不予支持。

7. 什么是劳动能力鉴定？

职工发生工伤，经治疗伤情相对稳定后存在残疾、影响劳动能力的，应当进行劳动能力鉴定。

劳动能力鉴定是指劳动能力鉴定委员会根据职工本人或者其亲属的申请，组织劳动能力鉴定医学专家，根据国家制定的评残标准，以及工伤保险方面的有关政策，运用医学科学技术的方法和手段，确定职工劳动功能障碍程度和生活自理障碍程度的一种综合评定制度。

劳动功能障碍分为十个伤残等级，最重的为一级，最轻的为十级。生活自理障碍分为三个等级，即生活完全不能自理、生活大部分不能自理和生活部分不能自理。

8. 具备什么条件应当进行劳动能力鉴定？

根据《工伤保险条例》的有关规定，工伤职工进行劳动能力鉴定应当同时具备以下条件：

（1）经过治疗后，伤情处于相对稳定状态；

（2）虽经治疗，但还是造成职工残疾；

（3）工伤职工存在的残疾达到了影响劳动能力的程度。

工伤职工具备上述三项条件的，应当进行劳动能力鉴定。

9. 申请劳动能力鉴定的主要流程有哪些？

（1）职工伤情基本稳定，进行劳动能力鉴定

职工发生工伤，经治疗伤情相对稳定后存在残疾、影响劳动能力的，应当进行劳动能力鉴定。

（2）备齐材料，提出申请

劳动能力鉴定由用人单位、工伤职工或者其近亲属向设区的市级劳动能力鉴定委员会提出申请，并提供工伤认定决定和职工工伤医疗的有关资料。

（3）接受申请，作出鉴定结论

设区的市级劳动能力鉴定委员会应当自收到劳动能力鉴定申请之日起 60 日内作出劳动能力鉴定结论，必要时，作出劳动能力鉴定结论的期限可以延长 30 日。劳动能力鉴定结论应当及时送达申请鉴定的单位和个人。

（4）存在异议，可向上级部门提出再次鉴定申请

申请鉴定的单位或者个人对设区的市级劳动能力鉴定委员会作出的鉴定结论不服的，可以在收到该鉴定结论之日起 15 日内向省、自治区、直辖市劳动能力鉴定委员会提出再次鉴定申请。省、自治区、直辖市劳动能力鉴定委员会作出的劳动能力鉴定结论为

最终结论。

（5）伤残情况发生变化，可申请劳动能力复查鉴定

自劳动能力鉴定结论作出之日起1年后，工伤职工或者其近亲属、所在单位或者经办机构认为伤残情况发生变化的，可以申请劳动能力复查鉴定。

10. 工伤保险待遇主要包括哪些？

《工伤保险条例》中规定的工伤保险待遇主要如下：

（1）工伤医疗及康复待遇

包括工伤治疗及相关补助待遇、工伤康复待遇、辅助器具的安装配置待遇等。

（2）停工留薪期待遇

职工因工作遭受事故伤害或者患职业病需要暂停工作接受工伤医疗的，在停工留薪期内，原工资福利待遇不变，由所在单位按月支付。停工留薪期一般不超过12个月。伤情严重或者情况特殊，经设区的市级劳动能力鉴定委员会确认，可以适当延长，但延长不得超过12个月。生活不能自理的工伤职工在停工留薪期需要护理的，由所在单位负责。

（3）伤残待遇

根据工伤发生后劳动能力鉴定确定的劳动功能障碍程度和生活自理障碍程度的等级不同，工伤职工可享受相应的一次性伤残补助金、伤残津贴、一次性工伤医疗补助金、一次性伤残就业补助金及生活护理费等。

（4）工亡待遇

职工因工死亡，其近亲属按照规定从工伤保险基金领取丧葬补助金、供养亲属抚恤金和一次性工亡补助金。

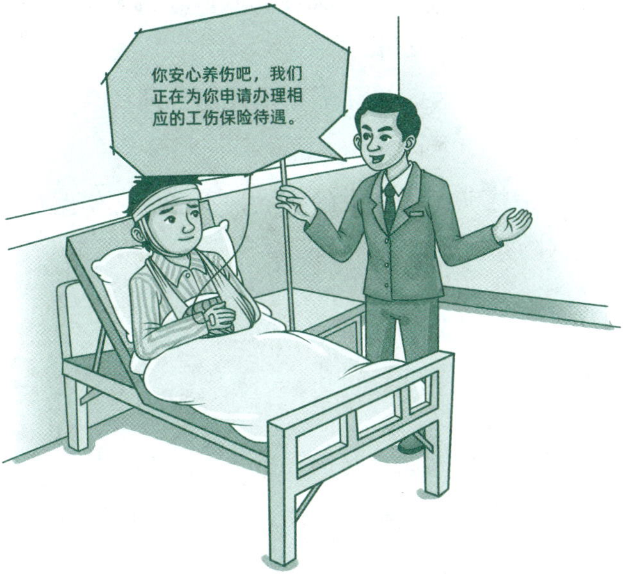

11. 职工享有怎样的工伤医疗待遇？

职工因工作遭受事故伤害或者患职业病进行治疗，享受工伤医疗待遇。

符合工伤保险诊疗项目目录、工伤保险药品目录、工伤保险住院服务标准的工伤治疗费用，或是工伤职工到签订服务协议的医疗机构进行康复性治疗的费用，从工伤保险基金支付。

工伤职工因日常生活或者就业需要，经劳动能力鉴定委员会确认，可以安装假肢、矫形器、假眼、假牙和配置轮椅等辅助器具，所需费用按照相关标准从工伤保险基金支付。

职工住院治疗工伤的伙食补助费，以及经医疗机构出具证明，报经办机构同意，工伤职工到统筹地区以外就医所需的交通、食宿费用从工伤保险基金支付。

工伤职工工伤复发，确认需要治疗的，同样享受工伤医疗待遇。

工伤职工治疗非工伤引发的疾病，不享受工伤医疗待遇，按照基本医疗保险办法处理。

法律提示

《社会保险法》对工伤保险赔付作出如下规定：

第三十八条　因工伤发生的下列费用，按照国家规定从工伤保险基金中支付：

（1）治疗工伤的医疗费用和康复费用；

（2）住院伙食补助费；

（3）到统筹地区以外就医的交通食宿费；

（4）安装配置伤残辅助器具所需费用；

（5）生活不能自理的，经劳动能力鉴定委员会确认的生活护理费；

（6）一次性伤残补助金和一至四级伤残职工按月领取的伤残津贴；

（7）终止或者解除劳动合同时，应当享受的一次性医疗补助金；

（8）因工死亡的，其遗属领取的丧葬补助金、供养亲属抚恤金和因工死亡补助金；

（9）劳动能力鉴定费。

第三十九条　因工伤发生的下列费用，按照国家规定由用人单位支付：

（1）治疗工伤期间的工资福利；

（2）五级、六级伤残职工按月领取的伤残津贴；

（3）终止或者解除劳动合同时，应当享受的一次性伤残就业补助金。

12. 什么情形下会停止享受工伤保险待遇？

工伤职工有下列情形之一的，停止享受工伤保险待遇：

（1）丧失享受待遇条件的；

（2）拒不接受劳动能力鉴定的；

（3）拒绝治疗的；

（4）被判刑正在收监执行的。

13. 用人单位发生变动的，应当由谁承担工伤保险责任？

用人单位分立、合并、转让的，承继单位应当承担原用人单位的工伤保险责任；原用人单位已经参加工伤保险的，承继单位应当到当地经办机构办理工伤保险变更登记。

用人单位实行承包经营的，工伤保险责任由职工劳动关系所在单位承担。

职工被借调期间受到工伤事故伤害的，由原用人单位承担工伤保险责任，但原用人单位与借调单位可以约定补偿办法。

企业破产的，在破产清算时优先拨付依法应由单位支付的工伤保险待遇费用。

14. 为什么要做好工伤预防？

工伤预防是建立健全工伤预防、工伤补偿和工伤康复“三位一体”工伤保险制度的重要内容，是指事先防范职业伤亡事故以及职业病的发生，减少职业伤亡事故及职业病隐患，改善和创造有利于健康、安全的生产环境和工作条件，保护职工在生产、工作环境中的安全和健康。工伤预防的措施主要包括工程技术措施、教育措施和管理措施。

职工在劳动保护和工伤保险方面的权利与义务是基本一致的。在劳动关系中，获得劳动保护是职工的基本权利，工伤保险又是其劳动保护权利的延续。职工有权获得保障其安全和健康的劳动条件，同时也有义务严格遵守安全操作规程，遵章守纪，预防职业伤害的发生。

当前国际上，现代工伤保险制度已经把事故预防放在优先位置。我国的《工伤保险条例》也把工伤预防定为工伤保险三大任

务之一，从而逐步改变了过去重补偿、轻预防的模式。因此，那种“工伤有保险，出事有人赔，只管干活挣钱”的说法，显然是错误的。工伤赔偿是发生职业伤害后的救助措施，不能挽回失去的生命和复原残疾的身体。职工只有加强安全生产，才能保障自身的安全；只有做好工伤预防，才能保障自身的健康。生命安全和身体健康才是职工的最大利益。用人单位和职工要永远共同坚持安全第一、预防为主、综合治理的方针。

15. 为什么要安全生产？

安全生产是党和国家在生产建设中一贯的指导思想和重要方针，是全面落实习近平新时代中国特色社会主义思想，构建社会主义和谐社会的必然要求。

安全生产的根本目的是保障职工在生产过程中的安全和健康。安全生产是安全与生产的统一，安全促进生产，生产必须安全，没有安全就无法正常进行生产。搞好安全生产工作，改善劳动条件，减少职工伤亡与财产损失，不仅可以增加企业效益，促进企业健康发展，而且还可以促进社会和谐，保障经济建设安全进行。

《中华人民共和国安全生产法》(以下简称《安全生产法》)是我国安全生产的专门法律、基本法律，是我国职业安全法律体系的核心，自 2002 年 11 月 1 日起实施。《安全生产法》明确规定安全生产应当以人为本，坚持人民至上、生命至上，把保护人民生命安全摆在首位，树牢安全发展理念，坚持安全第一、预防为主、综合治理的方针。强化和落实生产经营单位的主体责任与政府监管责任，建立生产经营单位负责、职工参与、政府监管、行业自律和社会监督的工作机制。这是党和国家对安全生产工作的总体要求，企业和从业人员在劳动生产过程中必须严格遵循这一基本方针。

“安全第一”说明和强调了安全的重要性。人的生命是至高无上的，每个人的生命只有一次，要珍惜生命、爱护生命、保护生命。事故意味着对生命的摧残与毁灭，因此，在生产活动中，应把保护人民生命安全摆在首位，坚持最优先考虑人的生命安全。“预防为主”是指安全工作的重点应放在预防事故的发生上，按照系统工程理论，根据事故发展的规律和特点，预防事故发生。安全工作应当做在生产活动之前，事先就充分考虑事故发生的可能性，并自始至终采取有效措施以防止和减少事故。“综合治理”是指要自觉遵循安全生产规律，抓住安全生产工作中的主要矛盾和关键环节。要标本兼治，重在治本，采取各种管理手段预防事故发生，实现治标的同时，研究治本的方法。应当综合运用科技、经济、法律、行政等手段，并充分发挥社会、职工、舆论的监督作用，从各个方面着手解决影响安全生产的深层次问题，做到思想上、制度上、技术上、监督检查上、事故处理上和应急救援上的综合管理。

法律提示

《中华人民共和国宪法》第四十二条第一款、第二款规定：中华人民共和国公民有劳动的权利和义务。国家通过各种途径，创造劳动就业条件，加强劳动保护，改善劳动条件，并在发展生产的基础上，提高劳动报酬和福利待遇。

16. 什么是网约工？

网约工一般是指劳动者在自愿接受网络平台的加入条件的前提下，以网络平台为载体，接受网络平台发出的订单指示并服从网络平台的服务要求，从事特定工作的劳动群体。网约工实际上并非一个科学的概念，而是网络劳动提供者的俗称，常见的网约工包括网约配送员、网约车司机、外卖骑手、网约保洁员和网约上门以及线上服务人员等职业群体。

不同的网络服务平台与不同类型的服务提供者的合作方式各不相同，总体上可以将网约工分为以下三类：

（1）直接雇用模式

在“直接雇用模式”下，网约工直接与网络服务平台签订劳动合同，并由平台为其缴纳社会保险，双方之间的权利义务关系适用《中华人民共和国劳动法》《中华人民共和国劳动合同法》（以下分别简称《劳动法》《劳动合同法》）以及其他劳动法律法规。

（2）外包模式

在“外包模式”下，网络服务平台与代理商签署合作协议，将特定区域内的工作量整体外包给代理商，由代理商安排自己的员工处理，网约工的社会保险等劳动保障由代理商负责，与网络服务平台之间并无直接法律关系。

（3）众包模式

与前述两种以劳动关系约束网约工的情形不同，在“众包模式”下，网约工并不与任何一方建立劳动关系，网约工可以自主决定在何时、何地提供服务。

在该模式下，还衍生出了“外包模式”与“众包模式”融合的模式，即网络服务平台将某一区域的业务外包给代理商，代理商再以“众包模式”将订单分配给网约工。但究其本质，此种融合模式仍未超出“众包模式”的广义范畴，即网络服务平台以及代理商均不与网约工建立劳动关系。

除上述三种较为常见的网约工用工模式外，实践中还存在“中介模式”，即网络服务平台仅作为虚拟交易场所，起到撮合供需双方达成交易的作用。在该模式下，用工平台仅发布需求信息，在需求方和服务者达成协议后，用工平台从交易金额中抽取服务费。“中介模式”下网约工与网络服务平台之间并不存在管理和被管理的关系，很难认定二者之间存在劳动关系。

17. 网约工主要从事哪些工作?

作为“互联网 +”创业模式衍生的新兴职业群体，网约工具有就业灵活、覆盖面广等特点。根据工作内容，可将网约工分为如下类型：

（1）网约车司机

网络预约出租汽车（简称“网约车”）是最早出现也是目前最

成熟的网约工行业之一，2016年，国家发布《网络预约出租汽车经营服务管理暂行办法》，确立了网约车服务的合法地位。网约车司机是依托互联网服务平台，根据平台提供的供需信息，提供非巡游的预约出租汽车服务的工作者。

（2）物流、运输类网约工

这类网约工主要包括网约快递员、外卖配送员、网约配送员、网约货车司机等，他们依托互联网服务平台，主要从事订单物品的运输和配送服务。

（3）网约上门服务人员

这类网约工提供的服务覆盖面比较广，其共同特点是需要接受用户的线上预订，前往用户家中提供定点的上门服务。网约保洁员、网约美甲师、网约家教、网约厨师，甚至包括新兴的代收垃圾的网约工都属于这一类别。

（4）线上服务类网约工

这类网约工通过互联网服务平台提供远程服务，其共同特点是没有与用户的线下实体接触。网络主播，提供网络咨询服务的医生、教师等都属于这一类别。

相关链接

2020 年 1 月，经人力资源和社会保障部同意，中国就业培训技术指导中心对 16 个拟发布的新职业相关信息进行公示，其中包括网约配送员。网约配送员是指通过移动互联网平台等，从事接收、验视客户订单，根据订单需求，按照平台智能规划路线，在一定时间内将订单物品递送至指定地点的服务人员。

网约配送员从根本上有别于传统快递和仓储物流等职业。首先，在配送环节上，网约配送员是点对点服务，无集中取送和中转接驳。其次，在配送技术上，网约配送属于基于位置服务，对于移动互联网具有强依赖性，需要配送平台利用移动互联网等技术提供网络定位、时间计算、路径规划等，可以说没有移动互联网，就没有网约配送。再次，在配送范围上，网约配送具有很强的本地化、生活圈化特色，不存在远距离异地配送。最后，在配送场景上，网约配送对象具有需求多样化，包括餐饮外卖、B2C（商对客电子商务）零售、商超便利、生鲜宅配、C2C（个人与个人之间的电子商务）递送等。总的来说，网约配送员是移动互联网技术革新的直接产物，大量就业群体的背后是科技与创新带来的深刻变化。

18. 一般情况下遇到工伤应该怎么办?

如果在工作过程中遇到事故伤害，应当马上到签订服务协议的医疗机构就医，情况紧急时可以先到就近的医疗机构急救。同时，及时向当地社会保险行政部门申请工伤认定。如果发现自己身体不适，应当到当地卫生行政部门所属的职业病防治所进行诊断，确认为职业病后，再到社会保险行政部门申请工伤认定。工伤职工如果对社会保险行政部门工伤认定结论不服（如不认定为工伤），可以在收到工伤认定书60日内提起行政复议；对复议决定不服的，还可以在15日内向当地人民法院提起行政诉讼。

被认定为工伤后，职工应持工伤认定书到当地劳动能力鉴定委员会申请伤残等级鉴定。职工拿到工伤认定书和伤残等级鉴定书之后，就可以到用人单位或社会保险行政部门的工伤保险经办机构领取工伤保险待遇。

19. 应注意杜绝哪些不安全行为?

一般来说，凡是能够或可能导致事故发生的人为失误均属于不安全行为。《企业职工伤亡事故分类》（GB 6441—1986）中规定的13大类不安全行为如下：

（1）未经许可开动、关停、移动机器；开动、关停机器时未给信号；开关未锁紧，造成意外转动、通电或泄漏等；忘记关闭设备；忽视警告标志、警告信号；操作错误（指按钮、阀门、扳手、把柄等的操作）；奔跑作业；供料或送料速度过快；机械超速运转；违章驾驶机动车；酒后作业；客货混载；冲压机作业时，手伸进冲压模；工件紧固不牢；用压缩空气吹铁屑等。

（2）拆除安全装置，安全装置堵塞，调整错误造成安全装置失效。

（3）临时使用不牢固的设施或无安全装置的设备等。

（4）用手代替工具操作；用手清除切屑；不用夹具固定，用手拿工件进行机加工。

（5）成品、半成品、材料、工具、切屑和生产用品等存放不当。

（6）冒险进入危险场所。

（7）攀、坐不安全位置，如平台护栏、汽车挡板、吊车吊钩。

（8）在起吊物下作业、停留。

（9）机器运转时进行加油、修理、检查、调整、焊接、清扫等。

（10）有分散注意力的行为。

（11）在必须使用劳动防护用品用具的作业或场合中，忽视其使用。

（12）在有旋转零部件的设备旁作业穿肥大服装，操纵带有旋转零部件的设备时戴手套等。

（13）对易燃、易爆等危险物品处理错误。

血的教训

某日，某矿生产一班给矿皮带工张某、和某两人打扫4号给矿皮带附近的场地，清理积矿。当张某清扫完非人行道上的积矿后，准备到人行道上帮助和某清扫。当时，张某拿着1.7米长的铁铲，为图方便抄近路，他违章从4号给矿皮带与5号给矿皮带之间穿越（当时，4号给矿皮带正以2米/秒的速度运行，5号给矿皮带已停运）。张某手里拿的铁铲触及运行中的4号给矿皮带的增紧轮，铁铲和人一起被卷到了皮带增紧轮上，铁铲的木柄被折成两段弹了出去，张某的头部顶在增紧轮外的支架上。在高速运转的皮带挤压下，张某头

骨破裂，当场死亡。

这起事故的直接原因是张某安全意识淡薄，自我保护意识极差，严重违反了给矿皮带工安全操作规程中关于“严禁穿越皮带”的规定。事后据调查，张某曾多次违章穿越皮带，属习惯性违章。正是他的违章行为，导致了这起伤亡事故的发生。

这起事故给人们的教训是，用人单位应设置有效的安全防护设施，提高设备的本质安全水平。同时，对职工要加强教育，增强其安全意识，杜绝不安全行为。

20. 应注意避免出现哪些不安全心理?

根据大量的工伤事故案例分析，导致职工发生职业伤害最常见的不安全心理状态主要有以下几种：

（1）自我表现心理——“虽然我进厂时间短，但我年轻、聪明，干这活儿不在话下……”

（2）经验心理——“多少年一直是这样干的，干了多少遍了，能有什么问题……”

（3）侥幸心理——“完全照操作规程做太麻烦了，变通一下也不一定会出事吧……”

（4）从众心理——“他们都没戴安全帽，我也不戴了……”

（5）逆反心理——“凭什么听班长的呀，今儿就这么干，我就不信会出事……”

（6）反常心理——“早晨孩子肚子疼，自己去了医院，也不知道是什么病，真担心……”

血的教训

某日，某机械厂切割机操作工王某，在巡视纵向切割机时发现刀锯与板坯摩擦，有冒烟和燃烧迹象，如不及时处理有可能引起火灾。王某当即停掉风机和切割机去排除故障，但没有关闭皮带机电源，皮带机仍然处于运转中。当王某伸手去掏燃着的纤维板屑时，袖口连同右臂突然被皮带机齿轮绞住，直到工友听到王某的呼救声才关闭了皮带机电源。这起事故造成王某右臂伤残。这起事故的发生与王某存在侥幸麻痹心理有直接的关系。王某以前多次不关闭皮带机电源就去排除故障，侥幸未造成事故，因而麻痹大意，由此逐渐形成习惯性违章行为并最终导致惨剧发生。

第2章 权利和义务

21. 职工工伤保险和工伤预防的权利主要体现在哪些方面?

职工工伤保险和工伤预防的权利主要体现在以下几个方面:

（1）有权获得劳动安全卫生的教育和培训，了解所从事的工作可能对身体健康造成的危害和可能发生的不安全事故。

（2）有权获得保障自身安全健康的劳动条件和劳动防护用品。

（3）有权对用人单位管理人员违章指挥、强令冒险作业予以拒绝。

（4）有权对危害生命安全和身体健康的行为提出批评、检举和控告。

（5）从事职业危害作业的职工有权获得定期健康检查。

（6）发生工伤时，有权得到抢救治疗。

（7）发生工伤后，职工或其近亲属有权向当地社会保险行政部门申请工伤认定和享受工伤保险待遇。

（8）工伤职工有权依法享受有关工伤保险待遇。

（9）工伤职工发生伤残，有权提出劳动能力鉴定申请和再次鉴定申请。自劳动能力鉴定结论作出之日起一年后，工伤职工或其近亲属认为伤残情况发生变化的，可以申请劳动能力复查鉴定。

（10）因工致残尚有工作能力的职工，在就业方面应得到特殊保护。依照法律，用人单位对因工致残的职工不得解除劳动合同，并应根据不同情况安排适当工作。在建立和发展工伤康复事业的情况下，工伤职工应当得到职业康复培训和再就业帮助。

（11）职工与用人单位发生工伤待遇方面的争议，按照处理劳动争议的有关规定处理；职工对工伤认定结论不服或对经办机构核定的工伤保险待遇有异议的，可以依法申请行政复议，也可以依法向人民法院提起行政诉讼。

22. 什么是安全生产的知情权和建议权？

在生产劳动过程中，往往存在着一些危害职工安全和健康的因素。职工有权了解其作业场所和工作岗位与安全生产有关的情况：一是存在的危险因素；二是危险因素的防范措施；三是事故应急措施。职工对于安全生产的知情权，是保护其生命健康权的重要前提。如果职工知道并且掌握有关安全生产的知识和处理办法，就可以消除许多不安全因素和事故隐患，避免或者减少事故的发生。

同时，职工对本单位的安全生产工作有建议权。安全生产工作涉及职工的生命安全和身体健康，因此职工有权参与用人单位的民主管理，并且通过这样的民主管理，充分调动其关心安全生产的积极性与主动性，为本单位的安全生产工作献计献策、提出意见与建议。

23. 什么是安全生产的批评、检举、控告权？

这里的批评权，是指职工对本单位安全生产工作中存在的问题提出批评的权利。这一权利规定有利于职工对用人单位的生产经营进行群众监督，促使用人单位不断改进本单位的安全生产工作。

这里的检举权、控告权，是指职工对本用人单位及有关人员违反安全生产法律法规的行为，有向主管部门和司法机关进行检举和控告的权利。检举可以署名，也可以不署名；可以用书面形式，也可以用口头形式。但是，职工在行使这一权利时，应注意检举和控告的情况必须真实，要实事求是。此外，法律明令禁止对检举者和控告者进行打击报复。

24. 女职工依法享有哪些特殊劳动保护权利?

女职工的身体结构和生理特点决定其应受到特殊劳动保护。女职工的体力一般比男职工差，特别是女职工在“五期”（经期、孕期、产期、哺乳期、围绝经期）有特殊的生理变化，所以女职工对工业生产过程中的有毒有害因素一般比男职工更敏感。另外，高噪声、剧烈振动、放射性物质等都会对女性生殖机能和身体产生有害影响。因此，要做好和加强女职工的特殊劳动保护工作，避免和减少生产劳动过程给女职工带来危害。

《女职工劳动保护特别规定》经 2012 年 4 月 18 日国务院第 200 次常务会议通过，以国务院令第 619 号公布施行。该规定对女职工的特殊劳动保护作出了具体的要求。

（1）用人单位应当加强女职工劳动保护，采取措施改善女职工劳动安全卫生条件，对女职工进行劳动安全卫生知识培训。

（2）用人单位应当遵守女职工禁忌从事的劳动范围的规定。用人单位应当将本单位属于女职工禁忌从事的劳动范围的岗位书面告知女职工。

（3）用人单位不得因女职工怀孕、生育、哺乳降低其工资、予以辞退、与其解除劳动或者聘用合同。

（4）女职工在孕期不能适应原劳动的，用人单位应当根据医疗机构的证明，予以减轻劳动量或者安排其他能够适应的劳动。对怀孕 7 个月以上的女职工，用人单位不得延长劳动时间或者安排夜班劳动，并应当在劳动时间内安排一定的休息时间。怀孕女职工在劳动时间内进行产前检查，所需时间计入劳动时间。

（5）女职工生育享受 98 天产假，其中产前可以休假 15 天；难产的，增加产假 15 天；生育多胞胎的，每多生育 1 个婴儿，增加产假 15 天。女职工怀孕未满 4 个月流产的，享受 15 天产假；

怀孕满 4 个月流产的，享受 42 天产假。

（6）女职工产假期间享受生育津贴：对已经参加生育保险的，按照用人单位上年度职工月平均工资的标准由生育保险基金支付；对未参加生育保险的，按照女职工产假前工资的标准由用人单位支付。女职工生育或者流产的医疗费用，按照生育保险规定的项目和标准，对已经参加生育保险的，由生育保险基金支付；对未参加生育保险的，由用人单位支付。

（7）对哺乳未满 1 周岁婴儿的女职工，用人单位不得延长劳动时间或者安排夜班劳动。用人单位应当在每天的劳动时间内为哺乳期女职工安排 1 小时哺乳时间，女职工生育多胞胎的，每多哺乳 1 个婴儿每天增加 1 小时哺乳时间。

（8）女职工比较多的用人单位应当根据女职工的需要，建立女职工卫生室、孕妇休息室、哺乳室等设施，妥善解决女职工在生理卫生、哺乳方面的困难。

（9）在劳动场所，用人单位应当预防和制止对女职工的性骚扰。

（10）用人单位违反有关规定，侵害女职工合法权益的，女职工可以依法投诉、举报、申诉，依法向劳动人事争议调解仲裁机构申请调解仲裁，对仲裁裁决不服的，可以依法向人民法院提起诉讼。

法律提示

（1）女职工禁忌从事的劳动范围

1）矿山井下作业；

2）体力劳动强度分级标准中规定的第四级体力劳动强度的作业；

3）每小时负重 6 次以上、每次负重超过 20 千克的作业，或者间断负重、每次负重超过 25 千克的作业。

（2）女职工在经期禁忌从事的劳动范围

1）冷水作业分级标准中规定的第二级、第三级、第四级冷水作业；

2）低温作业分级标准中规定的第二级、第三级、第四级低温作业；

3）体力劳动强度分级标准中规定的第三级、第四级体力劳动强度的作业；

4）高处作业分级标准中规定的第三级、第四级高处作业。

（3）女职工在孕期禁忌从事的劳动范围

1）作业场所空气中铅及其化合物、汞及其化合物、苯、镉、铍、砷、氰化物、氮氧化物、一氧化碳、二硫化碳、氯、己内酰胺、氯丁二烯、氯乙烯、环氧乙烷、苯胺、甲醛等有毒物质浓度超过国家职业卫生标准的作业；

2）从事抗癌药物、己烯雌酚生产，接触麻醉剂气体等的作业；

3）非密封源放射性物质的操作，核事故与放射事故的应急处置；

4）高处作业分级标准中规定的高处作业；

5）冷水作业分级标准中规定的冷水作业；

6）低温作业分级标准中规定的低温作业；

7）高温作业分级标准中规定的第三级、第四级的作业；

8）噪声作业分级标准中规定的第三级、第四级的作业；

9）体力劳动强度分级标准中规定的第三级、第四级体力劳动强度的作业；

10）在密闭空间、高压室作业或者潜水作业，伴有强烈振动的作业，或者需要频繁弯腰、攀高、下蹲的作业。

（4）女职工在哺乳期禁忌从事的劳动范围

1）孕期禁忌从事的劳动范围的第一项、第三项、第九项；

2）作业场所空气中锰、氟、溴、甲醇、有机磷化合物、有机氯化合物等有毒物质浓度超过国家职业卫生标准的作业。

25. 为什么未成年工享有特殊劳动保护权利?

未成年工依法享有特殊劳动保护的权利。这是针对未成年工处于生长发育期的特点所采取的特殊劳动保护措施。

未成年工处于生长发育期，身体机能尚未健全，也缺乏生产知识和生产技能，过重及过度紧张的劳动、不良的工作环境、不适的劳动工种或劳动岗位，都会对他们产生不利影响，如果劳动过程中不进行特殊保护就会损害他们的身体健康。

例如，未成年少女长期从事负重作业和立位作业，可影响骨盆正常发育，导致其成年后生育难产发病率增高；未成年工对生产性毒物敏感性较高，长期从事有毒有害作业易引起职业中毒，影响其生长发育。

法律提示

《劳动法》第五十八条第二款规定，未成年工是指年满十六周岁未满十八周岁的劳动者。

第六十四条规定，不得安排未成年工从事矿山井下、有毒有害、国家规定的第四级体力劳动强度的劳动和其他禁忌从事的劳动。

第六十五条规定，用人单位应当对未成年工定期进行健康检查。

关于未成年工其他特殊劳动保护政策和未成年工禁忌作业范围的规定，可查阅《中华人民共和国未成年人保护法》《未成年工特殊保护规定》等。

26. 签订劳动合同时应注意哪些事项?

劳动者在上岗前应和用人单位依法签订劳动合同，建立明确的劳动关系，确定双方的权利和义务。关于劳动保护和安全生产，在签订劳动合同时应注意两方面的问题：第一，在合同中要载明保障劳动者劳动安全、防止职业危害的事项；第二，在合同中要载明依法为劳动者办理工伤保险的事项。

遇有以下合同不要签：

（1）“生死合同”

在危险性较高的行业，用人单位往往在合同中写上一些逃避责任的条款，如“发生伤亡事故，单位概不负责”等。

（2）“暗箱合同”

这类合同隐瞒工作过程中的职业危害，或者采取欺骗手段剥夺劳动者的合法权利。

（3）“霸王合同”

有的用人单位与劳动者签订劳动合同时，只强调自身的利益，无视劳动者依法享有的权益，不容许劳动者提出意见，甚至规定“本合同条款由用人单位解释”等。

（4）“卖身合同”

这类合同要求劳动者无条件听从用人单位安排，用人单位可以任意安排加班、强迫劳动，使劳动者完全失去人身自由。

（5）“双面合同”

一些用人单位在与劳动者签订合同时准备了两份合同，一份合同用来应付有关部门的检查，另一份用来约束劳动者。

法律提示

《安全生产法》规定：生产经营单位与从业人员订立的劳动合同，应当载明有关保障从业人员劳动安全、防止职业危害的事项，以及依法为从业人员办理工伤保险的事项。

生产经营单位不得以任何形式与从业人员订立协议，免除或者减轻其对从业人员因生产安全事故伤亡依法应承担的责任。

27. 职工工伤保险和工伤预防的义务主要有哪些?

权利与义务是对等的，有相应的权利，就有相应的义务。职工在工伤保险和工伤预防方面的义务主要如下：

（1）职工有义务遵守劳动纪律和用人单位的规章制度，做好本职工作和被临时指定的工作，服从本单位负责人的工作安排和指挥。

（2）职工在劳动过程中必须严格遵守安全操作规程，正确使用劳动防护用品，接受劳动安全卫生教育和培训，配合用人单位积极预防工伤事故和职业病。

（3）职工或其近亲属报告工伤和申请工伤保险待遇时，有义务如实反映发生事故和职业病的有关情况及工资收入、家庭有关情况；当有关部门调查取证时，应当给予配合。

（4）除紧急情况外，发生工伤的职工应当到工伤保险签订服务协议的医疗机构进行治疗，对于治疗、康复、评残要接受有关机构的安排，并给予配合。

28. 网约工为何必须遵章守制与服从管理?

尽管相较于传统行业职工，网约工拥有更高的自由度和更灵活的工作方式，但在工作期间，网约工也应当遵守网络服务平台公司制定的安全生产规章制度和操作规程。这既是为了有效保护网约工的生命健康安全和财产不受损失，也是必须遵守的法律法规要求。

生产经营单位的安全生产规章制度、安全操作规程，是企业管理规章制度的重要组成部分。根据《安全生产法》及其他有关法律、法规和规章的规定，生产经营单位必须制定本单位安全生产的规章制度和操作规程，从业人员必须严格依照这些规章制度和操作规程进行生产经营作业。单位的负责人和管理人员有权依照规章制度和操作规程进行安全管理，监督检查从业人员遵章守制的情况。依照法律规定，生产经营单位的从业人员不服从管理，违反安全生产规章制度和操作规程的，由生产经营单位给予批评教育，依照有关规章制度给予处分；造成重大事故，构成犯罪的，依照刑法有关规定追究刑事责任。

29. 为什么职工必须按规定佩戴和使用劳动防护用品？

职工在劳动生产过程中应履行按规定佩戴和使用劳动防护用品的义务。

按照法律法规的规定，为保障人身安全，用人单位必须为职工提供必要的、安全的劳动防护用品，以避免或者减轻作业中的人身伤害。但在实践中，由于许多具体工作形式灵活、监管难度

大，一旦缺乏安全知识，或是存在嫌麻烦和侥幸心理，往往不按规定佩戴和使用劳动防护用品，由此引发的人身伤害事故时有发生。另外，有些职工没有接受相关教育培训，不会或者没有正确使用劳动防护用品，同样也难以避免受到人身伤害。因此，正确佩戴和使用劳动防护用品是职工必须履行的法定义务，这是保障职工人身安全和用人单位安全生产的需要。

30. 为什么网约工应当接受安全教育和培训?

对于一家网络服务平台而言，网约工和用户是平台生存发展的两条生命线，保障网约工和用户的权益是网络服务平台需要关注的根本性问题。组织安全教育和培训，做好安全工作，既能切实保障网约工的生命健康安全，也可以间接保护用户的利益。网约工的安全生产意识和安全技能的高低，直接关系网络服务平台生产活动的安全可靠性。

对于网约工本人而言，由于其从事工作的自由性，往往存在安全知识不足、安全意识差的问题，因此需要接受系统的安全教育和培训。网约工需要具有系统的安全知识，熟练的安全生产技能，以及对不安全因素和事故隐患、突发事故的应急处理能力。要适应新时代“互联网 +”产业生产活动的需要，网约工必须接受专门的安全生产教育和业务培训，不断提高自身的安全生产技术知识水平和能力。

31. 发现事故隐患应该怎么办?

职工往往属于事故隐患和不安全因素的第一当事人。许多生产安全事故正是由于职工在作业现场发现事故隐患和不安全因素后，没有及时报告，以致延误了采取措施进行紧急处理的时机，最终酿成惨剧。相反，如果职工尽职尽责，及时发现并报告事故隐患和不安全因素，使之得到及时、有效的处理，则完全可以避免事故发生或降低事故损失。所以，发现事故隐患并及时报告是贯彻落实安全第一、预防为主、综合治理安全生产方针，是加强事前防范的重要措施。

第3章 网约工与工伤保险

32. 为什么网约工要办理工伤保险?

（1）网约工遭遇意外事故的风险较高

为了实现资源最优化，网络服务平台往往对接单时间和配送时间有严格的要求。在网约工前往工作地点的过程中，由于赶时间、安全意识不足，很容易遭遇意外交通事故。另一方面，网约车司机、外卖配送员等所从事的是高风险、高强度、高负荷的“三高”职业。在订单限制时间的压力下，网约工往往会通过疲劳驾驶或者违章超速甚至违反交通安全法律法规来赶时间，很容易导致意外事故发生。

（2）工伤保险能够减轻网约工的医疗负担

网约配送员、外卖配送员、快递员等网约工大多工资水平低，一旦发生意外事故，家庭难以负担医疗费用。另一方面，目前网约工与网络服务平台之间劳动关系难以界定，发生工伤后保险赔付责任主体不明，即便付诸法律手段也难以保障劳动权益。如果网约工事先与网络服务平台协商办理工伤保险，发生工伤后可以省去一系列的麻烦。

（3）商业保险存在诸多不足

目前很多网约工并没有办理工伤保险，而是以意外伤害商业保险代替。许多网络服务平台企业自我定位为“撮合信息商”，不认为与网约工存在雇佣或劳务关系，为了减少企业成本，只为其投保意外伤害商业保险。另一方面，许多兼职网约工选择这一行业正是看中其灵活性和自由性，也不愿受到劳动关系的束缚，从而拒绝参加工伤保险。然而，商业保险保障水平不足，免赔事由多，理赔条件苛刻，流程复杂，且没有长期待遇，并不能有效保障网约工的职业伤害权益。

33. 目前网约工的工伤权益保障存在哪些问题？

我国目前的工伤保险制度是建立在传统的稳定劳动关系基础上的，而“互联网 +”新业态重新定义了工作和就业，劳动用工去雇主化、劳动关系灵活化特征越发明显，不具备法定意义上的劳动合同关系，致使在网约工群体工伤权益保障方面存在诸多问题，其中最显著的是“三不”问题：劳动合同不签、社会保险费不缴、劳动保障不到位。

网约工打破了原来的“公司 + 员工”的模式，转变为“平台 + 个人”，大部分网约工以灵活、弹性、共享的就业形式存在，他们与网络服务平台的法律关系较难界定。另外，一些网约工与网络服务平台不具备法定意义上的劳动合同关系，如一些网络服务平台上的快递骑手当中，有相当一部分人员是以兼职的身份存在于雇佣关系里。这些均让网约工这一新兴群体游离于传统的工伤保险制度以外，缺乏相应的保障。

除正式的劳动合同外，网约工与网络服务平台公司之间签的合同可谓五花八门，包括中介协议和商务合作协议等，这种管理方式往往会把企业的经营风险转嫁到劳动者身上。更有甚者，在服务过程中发生安全责任事故时，本应由用人单位承担的赔偿责任，也往往落到劳动者身上，相关企业却置身事外。

由于没有签订正式的劳动合同，用工不属于劳动关系，因此这一类网约工很难参加工伤保险，只能求助于商业保险；灵活就业的兼职网约工理论上可以灵活就业的名义参保，但实际上掣肘太多，在参保对象的界定、缴费基数和费率、工伤认定和待遇审核支付等方面都存在争议和问题。

尽管许多网约工与网络服务平台没有签订劳动合同，但平台往往对网约工管理比较严苛，“以罚代管”现象普遍。平台为追求服务质量，会通过催单、扣款等方式对网约工进行管理，面对用户的投诉和不合理要求，也往往以网约工的妥协和利益受损而告终。另一方面，尽管网络服务平台对网约工的劳动保障不到位，但平台依然从网约工身上抽取了不菲的利润。在收入减少的情况下，许多不了解相关政策的网约工更加不愿意购买工伤保险，导致工伤保险处于“两边不讨好”的尴尬地位，无法起到实际的劳动保障作用。

34. 网约工在进行工伤认定时存在哪些困难?

（1）认定标准难以确定

我国目前工伤认定基本采取三要素标准，即时间、空间、因果关系，按照更为广泛的说法则为工作时间、工作地点、工作原因。然而网约工工作时间、工作地点具有非固定性，自由度较高。如果严格限制这两项要素，网约工的工伤认定就会陷入一定的困境。以网约车司机为例，他们的工作时间计算方式可有多种，包括但不限于：乘客上车至目的地这段时间；以司机接受订单为开始至将顾客送往目的地这段时间；司机打开网络服务平台至关闭平台回家这段时间。目前暂无合适的标准区分网约车司机的工作时间和生活时间。

（2）申请工伤认定的主体不明

《工伤保险条例》第十七条规定，工伤认定申请由用人单位提交，只有当用人单位不申请时，受到伤害的职工本人或者其近亲属、工会组织可以向劳动保障行政部门提出。之所以这样规定，意义在于保证工伤认定的真实性，一定程度上避免骗保风险。但是网约工往往与网络服务平台之间无劳动关系，平台为了减轻负担，避免承担社会责任，并不会主动去申请工伤认定。

（3）工伤认定难以取证

用人单位需要为旗下职工向社会保险行政部门申请工伤认定。职工一旦被认定为工伤，用人单位也是要支付部分费用的，包括停工留薪期内正常的工资福利、必要的护理、一次性伤残就业补助金等。在传统用工情况下，出于节省成本开支的原因，用人单位主观上是不愿去申请工伤的；但在职工工伤情形比较明显、无可辩驳的情况下，用人单位会主动去申请工伤认定，一旦工伤情形明显且确定，加之用人单位在用工时所占优势（方便查看摄像头、用工材料保留较全等），那么所提供给认定机关的材料也是齐备和方便查验的。但是网约工工作时多是独自进行，没有固定的工作场所，发生工伤事故后社会保险行政部门对事故经过的核实比较困难，也容易滋生肆意捏造工伤事故来骗取费用的现象。

35. 网约工享受工伤保险待遇需要满足什么条件?

我国现行的工伤保险制度是以传统的、规范的单位用工形式为基础设计的，“互联网 +”新业态职工以灵活、弹性、平台、共享等就业形式存在，不完全具备法定意义上的劳动合同关系，与当下工伤保险制度在很多方面无法对接。因此，并非全部网约工都可以办理工伤保险，享受工伤保险待遇。

对于“直接雇佣模式”和“分包模式”的网约工而言，他们与网络服务平台或是平台委托的代理商有较为明确的劳动关系，即使没有签订书面的劳动合同，也可以通过工资支付记录、考勤表、工作证等证据证明双方的劳动关系。而处于“中介模式”下的网约工则基本没有和网络服务平台或代理商之间的法律关系，使他们很难享受工伤保险待遇。

上述几种情况都比较明确，目前争议较大的主要是“众包模式”下网约工的工伤保险待遇如何实现。当工伤事故发生后，网约工可以通过法律咨询等手段，确定其与网络服务平台之间的法律关系。法律关系并不仅依靠双方是否签订合同或合同形式确定，也需要考虑平台对网约工的管理方式和管理强度。如果能够确定网约工与平台之间存在劳动关系，就可以享受工伤保险待遇；否则，只能寻求商业保险或其他方式维护劳动权益。

相关链接

面对“互联网+”新业态职工工伤保险缺失的问题，人力资源和社会保障部表示，将适时启动《工伤保险条例》的再次修订工作，尽快出台新业态职工职业伤害保障制度，把外卖配送员、网约车司机、快递员等新业态从业者纳入工伤保险制度保障中。

目前已有少数地方探索新业态职工参加工伤保险。从目前地方实践来看，新业态职工的工伤保险有两种运作模式：一种是将纳入工伤保险基金的模式，如山东省潍坊市；另一种是通过政府主导，以商业保险公司运作的方式建立独立的职业伤害保障模式，如江苏省南通市、吴江市、太仓市等地。

36. 如何确定网约工与网络服务平台的劳动关系?

劳动关系成立应同时具备“双方主体资格、用工管理与劳动安排、报酬、用人单位业务组成部分”四大要素，也就是说，劳动者与用人单位是否存在管理、服务、取酬等方面的“人身隶属性”是判断劳动关系有无的核心。

对此，目前一般认为，网约工与网络服务平台间是否成立劳动关系，应根据平台介入交易的程度以及对网约工控制力度加以个案识别，审慎审查。如经过审查认定，双方存在劳动法意义上的“人身隶属性”、符合劳动关系的特质，则应认定双方建立了劳动关系。由于目前还没有法律法规对网约工的劳动关系作出明确规定，因此即使出现情况高度相似的两个案例，其认定结果也可能不同。

作为网约工，可以从以下 7 个方面初步判断是否与网络服务平台存在劳动关系：

（1）双方合意情况

对于双方法律关系的性质，可以参考是否签订有劳动合同、合作协议。即使双方签订有合作协议等排除双方劳动关系的书面协议，也要考虑网络服务平台在缔约前是否向职工充分说明了相关情况，网约工是否在知悉有关权益的情况下，自愿签订合作协议。

（2）人员的招录及选任方式

在劳动关系中，用人单位更关注劳动的过程及结果，主要体现在对劳动者的能力、岗位适应性等提出要求，并以面试等方式加以考核，择优录取。因此，网络服务平台职工的招录及选任方式也是认定劳动关系的因素。

（3）主要劳动工具及生产资料的提供情况

劳动关系最初起源于生产资料的占有，核心则是劳动力与工资报酬的等价交换，因此，主要劳动工具及生产资料的提供情况也可作为辨别劳动关系的考量要素。以网约车行业为例，使用平台提供车辆的网约车司机的“隶属性”，显然强于自有车辆的网约车司机。而对于主要生产资料外的物品，比如标识身份的服装、卡片、贴纸等，由于其并非劳动过程中必备的核心要素，对劳动关系的证明力要大打折扣。

（4）订单分配及获取方式

劳动关系的核心内容是劳动者在用人单位的安排下从事劳动。因此，对于网约工的“名分”，应当从订单分配及获取方式方面重点审核。通常而言，网络服务平台订单分配方式可大致划分为“抢单”“派单”“抢单＋派单”三种模式，不同模式下平台介入交易的程度有着极大不同，对于网约工的管理程度也有着明显区别。

（5）网络服务平台对网约工的管理强度

相对于劳务关系、雇佣关系，劳动关系的一大特征是用人单位享有用工管理权，有权对劳动者在工作时间、工作区域、劳动纪律等方面提出明确要求。因此，判断网络服务平台是否对网约工施加了带有劳动用工色彩的管理行为，可从以下四个方面进行考量：一是时间要求，如是否指定上线时间、每日最低在线时长；二是地域要求，如是否安排、划分并指定服务地域、接单区域；三是纪律要求及处罚权，如网络服务平台是否在实质上对网约工的接单自由、上线听单自由等加以限制；四是业务考核及处罚，如是否对服务质量及服务水平加以培训、绩效考核。

（6）报酬构成模式及收益分配比例

劳动关系的核心要素是报酬，劳动者与用人单位间具有显著的经济依附关系。从收入角度，可以考虑从业者的收入构成中是否包含底薪。实践中，网约工收入一般包括零底薪、“零底薪＋接单收入”“零底薪＋接单收入＋接单奖励”等模式，这三种收入构成中，网约工对网络服务平台的经济依附性逐次增强。此外，网络服务平台与网约工之间的收益分配比例也应纳入隶属性考量之中。

（7）稳定性及排他性

在劳动关系中，隶属性的一个表现是稳定性及排他性，也就是排除极个别法定情形及混同用工情形外，通常情况下某段时期内，劳动者仅有可能稳定地、持续地接受一家用人单位的劳动管理，并向其提供劳动以取得报酬。但是，尽管网络服务平台可以从技术层面屏蔽同类竞争对手，但实践中，网约工以多个手机或账户注册多家平台，同期从多个网络服务平台获取订单、提供服务的情况并不少见。因此，在个案中对于稳定性及排他性应当审慎甄别。

法律提示

人力资源社会保障部发布的《关于确立劳动关系有关事项的通知》规定：

（1）用人单位招用劳动者未订立书面劳动合同，但同时具备下列情形的，劳动关系成立：

1）用人单位和劳动者符合法律法规规定的主体资格；

2）用人单位依法制定的各项劳动规章制度适用于劳动者，劳动者受用人单位的劳动管理，从事用人单位安排的有报酬的劳动；

3）劳动者提供的劳动是用人单位业务的组成部分。

（2）用人单位未与劳动者签订劳动合同，认定双方存在劳动关系时可参照下列凭证：

1）工资支付凭证或记录（职工工资发放花名册）、缴纳各项社会保险费的记录；

2）用人单位向劳动者发放的“工作证”“服务证”等能够证明身份的证件；

3）劳动者填写的用人单位招工招聘“登记表”“报名表”等招用记录；

4）考勤记录；

5）其他劳动者的证言等。

其中，第一、第三、第四项的有关凭证由用人单位负举证责任。

在该规定的基础上，我国各地方政府在确定网约工和网络服务平台的劳动关系方面也作出了一定的探索，详见表3-1。

表 3-1　目前各地关于网约工劳动关系的规定

地区	相关规定
浙江省	《关于优化新业态劳动用工服务的指导意见》规定，对难以直接适用现行劳动保障法律法规的新业态从业人员，引导企业积极履行社会责任，通过与当事人协商签订书面协议，明确新业态企业和从业人员以及关联单位的权利和义务
江苏省	《关于印发江苏省劳动人事争议疑难问题研讨会纪要的通知》规定，仲裁机构应注意把握保护劳动者权益与促进劳动力市场灵活性的平衡关系，综合考量用人单位网络平台的运营形式、劳动者从业状况、网络平台对劳动者的管理程度、劳动者收入分配方式及劳动者是否独立承担经营风险等因素，依法区分劳动关系和劳务关系
广东省	《关于劳动人事争议仲裁与诉讼衔接若干意见》规定，网络服务平台经营者与相关从业人员之间的用工关系性质，原则上按约定处理。如双方属于自负盈亏的承包关系或已订立经营合同、投资合同等，建立了风险共担、利益共享的分配机制的，不应认定双方存在劳动关系。实际履行与约定不一致或双方未约定的，以实际履行情况认定
重庆市	《关于审理劳动争议案件适用法律问题的会议纪要（四）》规定，外卖平台服务公司与外卖配送人员之间既有可能存在劳动关系，也有可能不存在劳动关系，应当根据劳动关系的认定标准，并结合具体案情进行认定

37. 如何保障劳动关系不确定的网约工的工伤权益？

（1）提高个人法律意识，增强维护自己劳动权益的意识

网约工应当先学好法、用好法。许多网约工根本不了解自己作为劳动者的合法权益，在被克扣劳动报酬时不懂得维权；在遭遇人身伤害时，也只能自己买单；在被无故辞退时，忍气吞声等。因此，网约工需要提高自己的法律意识，懂法知法，在必要时刻拿起法律武器保护自己的合法权益。同时，网约工还需要转变观念，从“要我参保”转变为“我要参保”，积极寻求参加社会保险的途径，保障自己的劳动权益。

（2）寻求工会的帮助

在相关制度发展滞后的情况下，职工的利益首先应由工会来保护。工会需要主动适应网络用工模式的要求，积极参与到维权监督工作中，在网约工权益维护方面发挥应有的作用。近年来，在全国总工会的统一部署下，全国各级工会都在组织包括外卖配送员、网约车司机、快递员等新业态从业者在内的劳动者加入工会组织。工会可以通过扁平化的管理机制将分散的、易流动的网约工个体组织起来，推动行业性集体协商、行业工时及劳动保护标准的完善。当网约工合法权益受到侵害时，互联网也可以为其提供法律援助，如职业技能提升的继续教育培训和劳动咨询等。

（3）寻求商业保险的保护

对于无法与网络服务平台确定劳动关系的网约工，需要积极寻求其他保险方式来保障自己的劳动权益。因此，投保金额低、

投保方式灵活的意外伤害商业保险成为较好的替代产品。许多网络服务平台也会为“众包模式”下的网约工购买意外伤害商业保险，这些平台在操作投保方式时往往并不透明，留下了暗箱操作和巧立名目收取费用的空间。网约工需要注意平台投保的金额构成，必要时及时申诉。此外，网约工还可以参照灵活就业人员参加社会保险的方式办理工伤保险。

（4）选择口碑良好的网络服务平台，合理利用舆论手段

在面对实力雄厚的网络服务平台时，网约工往往处于弱势地位。大多网络服务平台都会对网约工的劳动权益保障作出承诺，但这种承诺缺乏相关法律法规的约束，因此网约工所能做的就是尽量选择信用资质良好、口碑优秀的网络服务平台就业。由于网络服务平台往往看重口碑和用户评价，对于处于天然弱势的网约工而言，增加曝光度、合理利用舆论手段，也是保障劳动权益的一种方式。

38. 跨平台接单会对网约工办理工伤保险造成影响吗?

对于与网络服务平台及其代理商签约的网约工，其签订的劳动合同往往包括一些排他性的条款，使这些网约工仅隶属于某一家网络服务平台。因此，存在跨平台接单行为的网约工多为“众包模式”下的网约工。这一类网约工本就存在劳动关系不明确的问题，跨平台接单的行为进一步降低了网约工与网络服务平台之间的隶属度，双方的劳动关系更加难以被认定，为工伤保险的办

理造成了巨大困难。

另一方面，跨平台接单导致办理工伤保险的主体不明。《工伤保险条例》第十条规定，用人单位应当按时缴纳工伤保险费。因此，办理工伤保险的主体是用人单位。跨平台接单的行为导致网约工存在多个用人单位，办理工伤保险的主体不明确，其服务的各个平台往往会以“一名员工只能有一个社保账户”为由互相推诿，导致网约工工伤保险无法落实。

法律提示

人力资源社会保障部发布的《实施〈中华人民共和国社会保险法〉若干规定》第九条规定，职工（包括非全日制从业人员）在两个或者两个以上用人单位同时就业的，各用人单位应当分别为职工缴纳工伤保险费。职工发生工伤，由职工受到伤害时工作的单位依法承担工伤保险责任。

但对于不存在劳动关系的兼职网约工，这条规定难以适用。

39. 没有办理工伤保险的情况下发生工伤怎么办?

对于已经和网络服务平台及其代理商确定劳动关系的网约工，即使没有办理工伤保险，在遭遇工伤后，也可以享受工伤保险待遇，其工伤保险待遇由所在用人单位负责。

《工伤保险条例》第六十二条规定，用人单位依照本条例规定应当参加工伤保险而未参加的，由社会保险行政部门责令限期参加，补缴应当缴纳的工伤保险费，并自欠缴之日起，按日加收万分之五的滞纳金；逾期仍不缴纳的，处欠缴数额 1 倍以上 3 倍以下的罚款。

依照本条例规定应当参加工伤保险而未参加工伤保险的用人单位职工发生工伤的，由该用人单位按照本条例规定的工伤保险待遇项目和标准支付费用。

用人单位参加工伤保险并补缴应当缴纳的工伤保险费、滞纳金后，由工伤保险基金和用人单位依照本条例的规定支付新发生的费用。

而对于无法认定为劳动关系的网约工，在遭遇工伤后，应当按照理赔流程申请已投保的商业保险。如果遭遇的是责任事故，应当拿起法律武器，根据《中华人民共和国侵权责任法》的相关规定，根据双方的过错责任，由相关责任方进行民事赔偿。

40. 如果出现保险赔付金额不足的情况应该怎么办？

《工伤保险条例》第十条规定，用人单位缴纳工伤保险费的数额为本单位职工工资总额乘以单位缴费费率之积。职工应发工资与缴费工资、核定职工工伤待遇的本人工资相同，但是用人单位出于成本角度考虑，常常少报缴费工资，一旦职工发生工伤，由社会保险经办机构核发下来的工伤保险待遇就会大大低于工伤职工应当领取的待遇。

此外，对于没有签订劳动合同的网约工，网络服务平台往往以意外伤害商业保险替代工伤保险，这种保险费用日结、理赔条件苛刻，流程复杂，实际赔付金额可能大大低于职工心理预期。同时，网络服务平台常用的保险费缴纳方式是从网约工每日或每单收入中抽取一部分缴纳，这种方式不公开、不透明，暗箱操作的余地很大，很多时候成为网络服务平台巧立名目收取费用的手段，而实际的投保金额十分有限。

面对工伤保险赔付金额不足的情况，可以采取三种途径维权：

（1）与用人单位协商，要求其到社会保险经办机构补足差额。如果单位拒绝或者拖延不办，可以向本单位的工会组织求助，或到当地劳动监察部门投诉。如单位补足了社会保险费，职工就可享受正常的工伤保险待遇。

（2）根据《工伤保险条例》第五十五条规定，工伤职工或者其近亲属对经办机构核定的工伤保险待遇有异议的，可以依法申请行政复议，也可以依法向人民法院提起行政诉讼。

（3）职工在进行伤残等级鉴定后，可以享受国家社保支付的较低一次性伤残补助金待遇，并通过仲裁、诉讼等渠道维权。在提起劳动仲裁时，应一并提出一次性伤残补助金等工伤保险待遇差额部分由用人单位支付。在诉讼过程中，网络服务平台的工资支付凭证是最好的证据。

相关链接

某网约车服务平台代驾司机王某在发生意外交通事故去世后，他的家属发现，该平台此前承诺的最高 120 万元的意外身故保险，却“缩水”成了 1 万元。据统计，王某生前接了 1 573 单，累计缴纳 3 696 元的保险费，在去世后却只得到了 1 万元赔偿。

第4章 网约配送员工伤预防

41. 网约配送员在入职前有哪些注意事项？

（1）确认招聘单位的真实可靠性

目前网约配送员的招聘渠道主要有网络服务平台的专职配送员招聘和第三方承包单位招聘以及平台注册的兼职配送员招聘三种途径，这三种正规入职渠道都不需要交押金。在正式入职前，要仔细确认招聘单位的真实可靠性。

（2）上岗需办理健康证

招聘单位一般都会要求职工具备健康证，即使是自行注册的网约配送员，如果没有健康证，也会在派单等方面受到影响，因此服务平台或承包商一般会指定办理地点，配送员须根据安排或自行前往办理。

（3）确认所配设备是否符合要求

如果入职专职配送单位，一般装备统一。若为兼职配送则参考其他有经验的兼职或全职配送员，注意入职前需要核查所购买的电动车以及电池安全性。

现在很多物流快递企业使用新能源汽车对货物、快件进行运输和配送。根据《电动汽车安全要求》（GB 18384—2020），电动汽车安全要求主要有以下内容：

1）电动汽车应设置人员触电防护，包括高压标记、直接接触防护、间接接触防护、防水四个部分。

2）车辆从驱动系统电源切断状态到“可行驶模式”应至少经过两次有意识的不同动作，且至少有一个动作是踩下制动踏板。

3）车窗玻璃不应粘贴妨碍驾驶员视野的附加物和镜面反光遮阳膜。

4）电动汽车应安装驾驶员可主动调节的转向、倒车、低速提示音开关。

5）电动汽车应在驾驶室或车厢后门内侧放置至少一个 1 千克以上的车用（干粉）灭火器，灭火器应完好有效、安放牢固且取用方便。

6）电动汽车应安装倒车雷达或倒车可视影像系统。

7）总质量大于 3 500 千克的电动汽车应配备至少两个与汽车使用条件相适应的停车楔。

8）电动汽车应满足《电动汽车碰撞后安全要求》（GB/T 31498—2015）和《电动汽车安全要求》（GB/T 18384—2020）的有关碰撞要求，碰撞结束后：

①动力电池不发生移位、甩出、脱落；

②动力电池电解液不应泄漏；

③动力电池不发生起火、爆炸。

（4）确认劳动保护设备配备齐全

出车接单的前提是劳动保护设备配备齐全，常见的有头盔、护膝、工作服、手套、保温箱等。

（5）确认工伤保险费是否缴纳

配送员和用工方签订劳动合同后，由用工方为其依法参加社会保险，即使配送员签字放弃参加社会保险也是不被法律认可的。签订劳动协议的众包配送员，也需要尽量由用人平台或自行缴纳社会保险费。

（6）岗前安全培训

配送员在正式上岗之前要接受完备的安全培训，不可以忽视这些看似常识的安全知识，有时这些知识可以挽救自己或同事的生命。

法律提示

广东省人力资源社会保障厅、广东省财政厅、国家税务总局广东省税务局于2020年12月31日印发《关于单位从业的超过法定退休年龄劳动者等特定人员参加工伤保险的办法（试行）》，其中规定在广东省行政区域内的各类企业、国家机关、事业单位、社会团体、民办非企业单位、基金会、律师事务所、会计师事务所等组织和以单位形式参保的个体工商户（简称“从业单位”）可按照本办法的规定为特定人员单项参加工伤保险、缴纳工伤保险费；村（社区）党组织委员会和村（居）民委员会［简称“村（社区）两委”］可按照本办法的规定为其所属的“村（社区）两委”人员单项参加工伤保险、缴纳工伤保险费。本办法所指特定人员主要包括在从业单位工作的超过法定退休年龄人员（包括已享受和未享受机关事业单位或者城镇职工基本养老保险待遇人员）、已享受一级至四级工伤伤残津贴或病残津贴人员、实习学生（包括签订三方实习协议或自行联系实习单位的实习学生和从业单位使用的勤工助学学生）、单位见习人员和在家政机构从业的家政服务人员等未与从业单位建立劳动关系的劳动者。

42. 网约配送员要接受的安全培训有哪些内容？

网约配送员要接受的安全培训内容主要包括：

（1）国家安全生产方针、政策和有关安全生产的法律、法规、规章及标准；

（2）安全生产规章制度和安全操作规程；

（3）保障寄递安全与信息安全的知识；

（4）反恐防暴、查验毒品等禁限寄物品相关知识；

（5）岗位安全职责、操作技能；

（6）安全设备设施、个人防护用品的使用和维护；

（7）事故应急处理措施；

（8）自身在安全生产方面的权利和义务；

（9）其他需要培训的内容。

相关链接

从事邮件、快件收寄和安全检查的职工应当具备识别和处理禁限寄物品的基本知识。

特种作业人员必须按照国家有关规定经专门的安全培训考核，取得相应资格，方可上岗作业。

职工调整工作岗位或者采用新工艺、新技术、新材料或者使用新设备，必须对其进行专门的安全生产教育和培训。

使用被派遣劳动者的，应当将被派遣劳动者纳入本单位职工统一管理，对被派遣劳动者进行岗位安全操作规程和安全操作技能的教育和培训。

应当对从事寄递服务和活动的承包商、供应商的职工，接收的中等职业学校、高等学校实习人员等相关方的作业人员进行安全教育和培训。作业人员进入作业现场前，应当由作业现场所在单位对其进行进入现场前的安全教育和培训，并保存教育和培训记录。

法律提示

《快递暂行条例》第三章第二十条规定，经营快递业务的企业应当对其从业人员加强职业操守、服务规范、作业规范、安全生产、车辆安全驾驶等方面的教育和培训。

43. 网约配送员在商家取货时要注意哪些安全问题？

（1）停车规范、安全

配送员停车时应该注意停车规范，如果有划线的非机动车停车区域，要按规定停入线框内；如果没有专设停车位，则要注意避开消防通道、盲道等禁停区域和未明确为停车区域的机动车道、非机动车道，以及道路交叉口、铁路道口、人流密集场所出入口等公共场所划定的禁止停放区域。

（2）等候取货时避免与商家产生矛盾

为了与其他商家竞争，商家往往会提前接单，当配送员到达取货地点时，很多时候会出现商家没有完成备餐备货的情况。若等候时间过长，或者出现下单客户线上或打电话催单的情况，配送员需要催促商家尽快备货，否则可能影响送达时间和服务质量。在催促商家备货时要注意措辞与态度，不宜言辞激烈和戾气太重。与商家和客户沟通时保持良好的职业素养，不要情绪化，注意礼貌交流，理智清晰地表达自己的意图。

（3）避免受伤

配送员在等候备餐备货时，要注意周边环境，避免受伤，如地表油腻可能导致滑倒、摔伤，身边高温的炊具和已经加热的餐食可能会导致烫伤皮肤。也应注意个人行为规范，不要闯入商家的后厨等禁入区域。

血的教训

某日，浙江温州一外卖配送员因商家出餐超时便在店内大声催促，店员则回应：“你大声有什么用！”外卖员听后情绪失控，将桌上已经打包好的其他外卖打翻在地，并大吼大叫。店家也十分生气，拿起漏勺砸伤了外卖配送员，外卖配送员则在地上失声痛哭。

44. 网约配送员在配送过程中要注意哪些交通安全问题？

（1）安全驾车基本要求

1）合理利用后视镜。配送员驾驶电动车时要养成随时观看后视镜的习惯，及时掌握行驶时车身左右两侧及后方的情况。变换车道或起步时，利用后视镜随时观察后方情况，确认安全后再起步或变换车道。如无特殊情况，应避免突然停车或减速，尤其是转向时，防止追尾事故的发生。

2）会用转向灯。很多配送员不了解车把上按钮的作用，或者从来不使用转向灯，转弯时也不看后方车辆，非常容易发生交通事故。电动车准备转向时，应该打开转向灯，提示其他在路上行驶的车辆，以防其他正在行驶的车辆无法及时反应，导致交通事故发生。

3）转向必须减速。电动车在转向时要先减速再转向，并打开转向提示灯，在观察前后方都安全后，才能转向通过。不要从正在行驶的两排车辆中间穿越或曲线绕行。

4）提前判断，安全刹车。在道路上驾驶电动车时，要眼观六路、耳听八方，具备提前判断的能力，及时判断路面发生的紧急情况，发生危险时提前刹车。车辆行驶时都有一定的惯性，如果不提前判断路况，遇到紧急情况才突然刹车，在车速较快的情况下，往往不能很好地控制刹车距离，导致追尾碰撞。特别是在下坡时急刹车，由于惯性很容易使驾驶员向前翻出车外而造成伤害。

5）在安全速度内行驶。电动车由于自身的原因，稳定性比较差，也缺乏必要的保护设施，高速行驶时很容易发生危险，所以引发的车祸屡见不鲜。按国家有关规定，电动车时速不能超过 20 千米 / 时。配送员在配送过程中，应该在安全速度内行驶，不要为了多接单而抢时间、超速行驶。

6）不要占道行驶。电动车作为非机动车，应在非机动车道行驶。不要图一时之快，与机动车抢道行驶。特别是雨雪天气，由于视线受影响，机动车驾驶员无法像平常一样，对车辆两侧情况进行清晰的观察，如果此时电动车抢道，机动车驾驶员无法及时处理突发状况，则很可能会发生事故。如果道路没有设置非机动车道，或非机动车道被违停车辆占据，电动车应尽量靠路边行驶。

7）定期维护车辆，确保其性能完好。配送员驾驶电动车时最好穿颜色鲜艳的服装，晚间驾车宜穿用反光材料制作的衣服；佩戴合格的安全头盔，以防发生事故对驾驶员造成伤害。由于电动车没有年检规定，车辆的检查和保养都由电动车主来实施，但很多配送员的车辆都缺乏保养和维护，导致很多电动车行驶一段时间后，就会产生各种零部件、机件缺失或故障问题，比如后视镜缺失、转向灯故障、大灯故障、刹车不灵等。因此行车前应进行电动车安全检查，确保各个机件灵活、有效。若出现故障应及时维修，保证行驶安全。

维护、检查项目如下：

①在骑行前检查刹车距离，定期检查刹车片的磨损程度，及时更换刹车片。

②定期检查轮胎的磨损程度，检查轮胎有无破口和钉刺，尽量减少补胎的次数，防止在骑行中发生爆胎导致事故。

③定期检查胎压，防止过高或过低而导致爆胎。

④定期检查灯光的完整和亮度，及时更换损坏的灯泡和继电器。

（2）安全行车规范

1）行车时，要注意观察前方路况、行人和车辆动态，正确操控电动车，沉着冷静驾驶。在通过交通繁华路段时，要提前降低车速，做到“礼让三先（先让、先慢、先停），文明行车”。

2）不要强行超车。超车前应观察周围车辆动态，打开转向灯。超车后须在不妨碍其他车辆正常行驶的情况下，打开转向灯靠右行驶。

3）根据路况、天气、车辆的技术性能及驾驶员经验等因素确定安全的纵向车距，行车时应控制行车速度，不得过快行驶。

4）不要酒后驾车，驾驶员身体状况不良时，也不宜驾驶，否则，会因神志不清、反应迟钝、判断不准确等引起操作失误而出现事故。

5）避免在驾驶电动车的过程中接打手机（包括免提手机），禁止在行驶中一手骑车，一手查看（处理）订单。

（3）如何安全驾驶电动车

1）驾驶电动车时应尽量靠右边行驶，并在非机动车道上行驶。过马路的时候尽量在人行横道上低速通过。

2）当需要借助机动车道来行驶和超车时，要观察左边后视镜，鸣号，打左转向灯，迅速超过后及时打右转向灯回到非机动车道。当经过公交车站和出租车站的时候，要先观察前后是否有要进站的车辆，如果没有，则迅速通过，不宜在站点停留。

3）在等红绿灯的时候尽量不要在摩托车道行驶，防止被摩托车剐蹭。而应该在三角安全岛内和人行横道边等待。

4）驾驶电动车时要注意看红绿灯指示，当需要在摩托车道上等候红绿灯的时候，要根据实际情况停在相应的车道内，不要妨碍摩托车的正常行驶。

5）驾驶电动车时应尽量避免与下列几种车并行或者前后行驶：

①挂车——转弯半径大或后视镜视线不清时，禁止转弯时与其并排。

②大货车——由于大货车具有体积、质量庞大等特点，货车驾驶员驾驶时会存在一定的视觉盲区，并且部分货车存在超宽超载、刹车不灵的危险性。

③公交车——公交车需进出公交站，若与公交车并排行驶，会存在与其碰撞的风险。

④出租车——出租车具有随时随地停靠、乘客上下车频繁的特点，若与其并排行驶，有与其碰撞的风险。

⑤无牌车——无牌车违反道路交通驾驶规定，一旦发生交通事故，后果较为严重。

⑥老旧车——老旧车的车辆安全隐患较多，风险较高。

6）尽量不要上立交桥或者快环（快环：一定在靠右边的白线内行驶，虽然白线内区域狭窄，但也要尽量避免借用机动车辅道）。

7）电动车在耐用度、承载能力、刹车安全系数等方面，与摩托车等其他车辆相比都较低，因此驾驶电动车时须注意不得与其他车辆攀比速度。

（4）发生交通事故的报警常识

1）发生交通事故时，首先要记住肇事车辆的牌号、车辆特征（车身颜色、车型或其他特征）和驾驶人的相貌、穿着等特点，迅速拨打 110 或者 122 报警（并及时拨打保险公司的电话报案），需抢救伤员时应拨打 120 请求救援。

2）报警时，要说明报警人的姓名、单位、联系电话、发生交通事故的时间、地点、车辆类型、车辆牌号、是否载有危险物品、人员伤亡等简要情况，涉嫌交通肇事逃逸的，还要详细说明逃逸车辆的颜色、特征及逃逸方向等，并保护好现场。如果有人受伤，要及时抢救伤员，无关人员要迅速撤离至事故现场的安全地带，不要围观，听候交通警察处理。

45. 网约配送员与客户交接商品、快件时要注意哪些安全问题?

（1）进入居民社区行车、停车须规范、安全

1）居民社区规定配送员车辆禁入时，配送员应将车妥善停于入口外允许停车的地方，并注意财物安全。

2）可以进入居民社区时，要注意不得停在私家车位或可能阻碍私家车进出库的道路上以及阻碍业主出入的路口上。可以停放于专用的非机动车车库内。

3）在居民社区内应注意行车速度要放缓，不得超过规定速度，同时也要注意前后左右的行人和宠物等。

（2）进入居民社区应注意行为规范

1）不可破坏门禁，要按居民社区安保规定进行访客登记或符合其他准入程序。

2）进入电梯后要按照乘坐电梯要求规范自己言行，不可以重

复按呼梯键，在电梯内服从相关工作人员指挥，禁止推、踢、扒或用身体挡门，在电梯厢内不可阻碍其他人进出电梯，进出电梯时要确认电梯停稳、电梯门也完全开启后才可以快速出入电梯。在电梯中如果出现乘客较多、停靠楼层较多、耽误时间等情况时，不应与乘客抱怨或者发生冲突。

（3）防止暴力伤害

配送目的地为偏僻地区时，要注意人身安全，防止暴力伤害。

（4）主动避免与客户产生冲突

1）充分学习并熟悉快递业务知识，能够在收派件时正确且认真地回答客户的问题，并能指导客户完成快件寄送和收取的各项程序。

2）在工作中保持良好的情绪，如有不良情绪产生应及时进行排解。不得在与客户交流的过程中发泄情绪，引起客户不满。

3）认真谨慎地对待每一个快件，保证快件完整、不受损伤，及时将快件送达。

4）如在运输和派送快件的过程中遇到特殊情况，可能导致派送延时，应提前向收件人打电话说明情况，以得到收件人的谅解；若收件人不肯谅解，则应提前做好心理准备，同时穿戴好护具防止发生肢体冲突对自身造成伤害。

5）配送员作为服务类行业职工，应对心理和情绪方面的知识有所了解，善于观察和辨别客户的情绪变化，合理地组织语言，心平气和地同客户交流，以免在交流中因言语过激造成客户不良情绪放大，从而引发冲突。

6）配送员在派送快递时，若未能按照收件人要求进行派送，如不能按时派送、未经收件人同意就将快递放在快递柜内等，应在事后及时向收件人道歉以求谅解。

7）配送员被投诉或被威胁投诉时，应及时向公司管理部门详细报告相关情况，自行联系发起投诉的客户时，应保持平和心态，切忌言语过激或出现肢体冲突。

8）配送员派送快件时如遇到代收的情况，应及时向收件人进行确认，以保证收件人知道快件已被签收和被谁签收。

9）配送服务点的工作人员应时刻注意工作场所内是否有情绪或行为过激的客户，若发现其可能发生暴力行为，对职工或其他人员的生命安全造成威胁时，应及时通知安保人员，在不对其造成伤害的情况下将其控制。

血的教训

2017 年 4 月 6 日，安徽省某外卖配送员唐某在送餐过程中，由于送错地址，在咨询客户具体位置时遭到对方辱骂。唐某把外卖送达后，双方发生言语争执，在冲突中唐某被客户用匕首刺伤。

46. 快递收寄和投递安全生产操作有哪些要求？

根据《快递安全生产操作规范》（YZ 0419—2015），有以下相关要求：

（1）收寄安全生产操作

1）收寄快件时，快递人员应按照相关法律法规和邮政管理部门的规定，对寄递物品进行验视，确保所寄快件符合安全要求。

2）快递人员应提示寄件人如实申报所寄递的物品，并根据申报内容对交寄的物品、包装物、填充物等进行实物验视，在检视过程中应注意人身安全，不应鼻腔直闻，不得用手触摸不明液体、粉末、胶状物等。

3）快递人员应确保快件封装坚固、完好，包装外表面不能有凸出的钉、钩、刺等，防止快件凸出物对用户、快递人员或其他人员造成伤害，防止运输过程中包装破裂或损坏其他快件。

4）配有安全检查设备的特殊地区营业场所，可根据需要对快件进行安全检查。

（2）投递安全生产操作

1）快递服务组织安排快件派送和携带快件时，车辆不应超载，避免快件破损、遗失或被抢、被盗等，确保人身及快件安全；遇雨、雪、雾天气，应增加防护措施，确保人员和快件的安全。

2）快件投递时应核实收件人身份，按约定提供投递服务，若收件人本人无法签收，经收件人（寄件人）允许，可由其他人代为签收；代收时应核实代收人身份，并告知代收人代收责任。

47. 快递分拣安全生产操作有哪些要求？

根据《快递安全生产操作规范》（YZ 0419—2015），快递分拣有以下相关要求：

（1）准确分拣，设置大件操作区，易碎品等特殊物品单独码放，小件物品及文件类物品不能直接接触地面，3 千克以下快件应建包，超重、超长、超大快件宜使用设备辅助操作。

（2）人工操作时，普通快件分拣脱手，离摆放快件的接触面之间的距离不应超过 30 厘米，易碎件不应超过 10 厘米；在光线较弱、车辆较多的情况下，操作人员服装应加反光条，确保人身安全。

（3）机器设备应专人操作，且操作应符合机器的技术指标和操作要求；任何人员不应跨越、踩踏机器，不应在机器上走动；操作完毕后，操作人员应及时关掉设备设施，检查清理快件，确保人员安全，防止快件遗漏。

（4）进行安全检查时，安全检查设备应由经过专业培训的专业人员来操作，并遵守安全检查设备操作规程；安全检查设备工作时，人体任何部位不应进入铅门帘以内通道；开机作业过程中，工作人员不应擅自离开岗位或让非专业人员代岗操作。

48. 网约搬运工在拆装、搬运、装卸家具过程中应注意哪些安全问题？

（1）搬运安全注意事项

1）搬运重物之前，搬家公司搬运工应采取防护措施，戴防护手套、穿防护鞋等。

2）搬运重物之前，检查物体上是否有钉、尖片等物，以免造成损伤。

3）应用手掌紧握物体，不可只用手指抓住物体，以防脱落。

4）靠近物体，蹲下身体，伸直双腿借助下肢的力量，缓慢平稳地将物体搬起，不要突然猛举或扭转躯干。

5）当传送重物时，应移动双脚而不是扭转腰部。当需要同时提起和传递重物时，应先将脚指向欲搬往的方向，然后再搬运。

6）不要骤然将重物提至腰以上的高度，而应先将重物放于半腰高的工作台或适当的地方，纠正好手掌的位置，然后再搬起。

7）搬运重物时，应特别小心工作台、斜坡、楼梯及一些易滑倒的地方，经过门口搬运重物时，应确保门的宽度合适，以防撞伤或擦伤。

8）搬运工在集体搬重物时，切莫中途接打电话。

（2）拆装安全注意事项

1）移动家具时，应取出柜内物品，切忌硬拖猛推，以免造成脚架和榫结构等松动或断裂。搬动桌子时，应用手搬动桌脚，避免只抬动桌面。

2）搬运时，应请专业人员进行拆装，拆装后应套上外包装，轻搬轻放。办公家具重新安装放置后，对家具的门与抽屉进行适当调整，保持正常使用状态。

3）拆开的零部件用软质材料包装，避免零部件表面相互摩擦，同时要保证安装配件齐全。抽屉及门要固定，避免因倾斜、震动或打开而引起碰撞。

4）玻璃、镜子等易滑落、易碎部件需要单独使用胶带固定包装，防止滑落。

5）书柜门板、侧板不得斜靠或局部悬空，以免弯曲变形。

（3）装卸安全注意事项

1）工作前应认真检查所用工具是否完好可靠，不准超负荷使用。

2）装卸时应做到轻装轻放、重不压轻、大不压小、堆放平稳、捆扎牢固。

3）人工搬运、装卸物件应视物件轻重配备人员，杠棒、跳板、绳索等工具必须完好可靠。多人搬运同一物件时，要有专人指挥，并保持一定间隔，一律顺肩，步调一致。

4）堆放物件不可歪斜，高度要适当，对易滑动物件要用木块垫塞。不准将物件堆放在安全通道内。

5）用机动车辆装运货物时，不得超载、超高、超长、超宽。

如遇必须超高、宽、长装运时，应按交通安全管理规定，采取可靠措施、设置明显标志。

6）装车时，随车人员要注意站立位置。车辆行驶时，不准站在物件和前拦板之间，车未停妥不准上下。

7）装卸货物应挂规定吊点，起吊装箱件时应先检查箱体脚是否牢固完好，按吊线标志吊挂，并经试吊确认稳妥后方能起吊。

8）使用卷扬机、钢管滚动滑移货物时，要有专人指挥，路面要坚实平整，绳索套结要找准重心，保持直线行进，有棱角部位应设垫衬，卸车或下坡应加保险绳，货物前后和牵引钢丝绳边不准站人。

9）易燃易爆危险化学品严禁与其他货物混装，要轻搬轻放。搬运场地不准吸烟，车厢内不准坐人。

10）装卸时，应根据吊位变化，注意站立位置，严禁站在吊物下方。

11）在高拦板车厢装卸货物，起重驾驶员无法看清车厢内的指挥信号时，应设中间指挥人员，正确传递信号。

血的教训

郑州市一处工地6名装卸工在卸玻璃时，近3吨重的玻璃突然从车上滑落，砸中其中3人，造成1死2重伤。据从业者分析，货车车身倾斜、安全预防措施不足是惨剧发生的原因。

业内人士透露，玻璃搬运工必须事先经过相关培训才能上岗。然而部分企业为了图省事而雇用“流动工人”，“流动工人”安全意识弱，安全知识不足，在未经培训的情况下便进行玻璃搬运作业，极易发生事故。

49. 网约搬家公司用车在行驶过程中应注意哪些安全问题?

（1）出发前，驾驶员应对车辆进行常规安全检查，确认车况良好才能出车。

（2）按规定装载物件，不得超载。

（3）出车前备好车辆营运证、营运上岗证、行车证、驾驶证等证件。

（4）不得在驾驶室内悬挂、放置妨碍驾驶员视线的物品。

（5）行车途中关好车门、车厢。

（6）驾驶员在行车途中不得拨打或接听电话。

（7）有限速标志的路段，按照限定速度行驶。

（8）行驶过程中，如果前车正在左转弯、掉头、超车时则不能超车，与对面来车有会车可能时不能超车，前车为执行紧急任务的警车、消防车、救护车、工程救险车时不能超车，行经铁路道口、交叉路口、窄桥、弯道、陡坡、隧道、人行横道、市区交通流量大的路段等没有超车条件时不能超车，偶遇前方车辆停车排队等候或者缓慢行驶时不得借道超车。

（9）在有禁止掉头或禁止左转弯标志、标线的地点以及在铁路道口、人行横道、桥梁、急弯、陡坡、隧道或者容易发生危险的路段，不得掉头。

（10）倒车时，应当查看车后情况确认安全，不得在铁路道口、交叉路口、单行道、桥梁、急弯、陡坡或者隧道中倒车。

（11）严禁违章停车。

（12）很多交通事故往往是因为一些突发情况所致，如爆胎、转向失控、制动失灵、火灾、碰撞、天灾等，驾驶员一旦遇到这些紧急情况，一定要采取一些必要的应急措施，最大限度地减轻或化解事故所带来的损失。

第5章 网约车司机工伤预防

50. 网约车司机需要满足哪些从业要求?

（1）取得从业资格

网约车司机应保证身体健康、心理状态良好，在从业前应当到当地交通管理部门参加考试，取得网约车从业资格证。

（2）办理车辆运营证

取得从业资格证后，须在行政主管部门办理车辆运营证。

（3）进行网约车登记

国家对机动车实行登记制度，准予登记的机动车必须符合国家安全技术标准。网约车须经交通管理部门登记后，方可上路行驶。

（4）行驶牌证齐全

驾驶网约车上路行驶，要悬挂机动车号牌，放置检验合格标志、保险标志，随车携带机动车行驶证。

法律提示

《网络预约出租汽车经营服务管理暂行办法》规定：

第十二条　拟从事网约车经营的车辆，应当符合以下条件：

（1）7 座及以下乘用车；

（2）安装具有行驶记录功能的车辆卫星定位装置、应急报警装置；

（3）车辆技术性能符合运营安全相关标准要求。

车辆的具体标准和营运要求，由相应的出租汽车行政主管部门，按照高品质服务、差异化经营的发展原则，结合本地实际情况确定。

第十四条　从事网约车服务的驾驶员，应当符合以下条件：

（1）取得相应准驾车型机动车驾驶证并具有 3 年以上驾驶经历；

（2）无交通肇事犯罪、危险驾驶犯罪记录，无吸毒记录，无饮酒后驾驶记录，最近连续 3 个记分周期内没有记满 12 分记录；

（3）无暴力犯罪记录；

（4）城市人民政府规定的其他条件。

第十五条　服务所在地设区的市级出租汽车行政主管部门依驾驶员或者网约车平台公司申请，按第十四条规定的条件核查并按规定考核后，为符合条件且考核合格的驾驶员发放《网络预约出租汽车驾驶员证》。

51. 网约车司机驾驶机动车时应遵守哪些通行规定?

（1）遵守速度规定，保持安全车速

网约车行驶时，不得超过限速标志标明的最高时速。在没有限速标志的路段，应当保持安全车速。

（2）保持安全车距，禁止违法超车

同车道跟随前车行驶，要与前车保持足以采取紧急制动措施的安全距离，不得在禁止超车的路段超越前车。

（3）遵守交通信号，安全通过路口

通过交叉路口，要遵守交通信号，服从交警指挥，按照规定通行，一定要注意避让行人、非机动车和优先通行的车辆。

（4）缓慢路段行驶，不得穿插抢行

遇到前方车辆停车排队等候或者缓慢行驶时，一定要依次交替通行，不得借道超车或者占用对面车道，不得穿插抢行。

（5）行经人行横道，注意避让行人

行经人行横道时，要减速行驶。遇行人通过人行横道，要及时停车让行。在没有交通信号控制的路口遇行人横过马路时，也必须避让。

（6）通过铁路道口，按照指挥通行

通过铁路道口，一定要按照交通信号或者管理人员的指挥通行。没有交通信号或者管理人员的，要减速行驶或者停车瞭望，在确认安全后才能通过。

（7）停车排除故障，正确设置信号

车辆出现故障须停车时，应立即开启危险报警闪光灯，并将车辆移至不妨碍交通的地方停放。车辆难以移动时，应持续开启危险报警闪光灯，并在来车方向按规定设置警告标志，必要时迅速报警。

（8）遇到特种车辆，注意及时避让

行驶中遇到执行紧急任务的警车、消防车、救护车、工程救险车等特种车辆时，要及时减速，迅速让行。

（9）路边临时停车，不得妨碍交通

车辆要在停车位停放，不得随意停放。在道路上临时停车的，不得妨碍其他车辆和行人通过。

血的教训

2020 年 9 月，杭州市一辆叉车与一辆网约车相撞。事故发生时，网约车由西向东正常行驶，叉车由北向南违规转向，由于网约车速度很快，叉车司机躲避不及，两车相撞。发生相撞后叉车的叉子插进了网约车内，导致网约车司机手臂受伤骨折。

52. 网约车司机应遵守哪些行为规范？

（1）在车辆上路前，认真检查车辆是否存在安全隐患。按照规定携带车辆运营证、从业资格证等相关证件。

（2）不得违规揽客、站点候客，如要搭乘其他乘客需经车内乘客同意。

（3）接单成功后，应尽快赶到乘客定位地址；提供预约服务时，应按承诺到达约定地点。如因拥堵等情况不能在规定时间内赶到的，应主动与乘客联系解释。

（4）主动引导乘客从右侧上车，帮助老、幼、病、残、孕等乘客上车，协助乘客将行李放进行李舱。

（5）乘客上车后，应确认其身份，确认目的地，避免接错乘客。车辆起步前，提醒乘客系好安全带，检查车门是否关严。

（6）确认目的地后，根据平台导航规划线路或依据乘客意愿选择合理路线，因交通因素需改变原行驶路线时，需征得乘客同意。

（7）在行驶过程中，遵守交通规章制度，保持良好心态，文明礼让行人，行驶途中严禁甩客或者故意绕道行驶。服务过程中应注意言行举止，保持良好的形象，当与乘客发生争议时，应冷静对待，尽量化解矛盾。

（8）乘客下车时，提醒乘客开车门时注意侧后方来车、携带好随身物品，主动协助乘客提取行李。

（9）如有乘客举报、投诉司机的服务质量或者对司机的服务

作出不满意评价，应当尽快积极改正，严禁对乘客进行言语辱骂或实施报复。

53. 网约车司机应遵守哪些安全规程？

（1）出车前保持生理与心理健康

应保持良好生活习惯，摒弃不良嗜好，禁止带病出车，避免疲劳驾驶。行车时应保持心态稳定，克服焦虑、抑郁、烦躁等不健康的心理情绪，防止“路怒症”等情况发生。

（2）做好车辆安全检视

网约车司机要清楚地知道车辆安全检视的内容，做好车辆的日常检查：

1）检查车辆外观，确认安全部件可靠，车牌牢固，后视镜、车灯等无故障；

2）检查轮胎外表，确认符合规定要求；

3）检查灯光、喇叭，确认清洁完好；

4）检查发动机舱，确认油液充足无漏；

5）检查制动性能，确保制动可靠；

6）检查随车工具，确认配备齐全有效；

7）检查驾驶室，确认仪表盘、方向盘等完好无损。

（3）进行日常维护作业

认真细致进行安全检查的同时，要检查水、油、气、电等并及时进行补给；定期清洁车辆，以保持车容整洁。

（4）坚持安全驾驶

安全行车是网约车运营服务的前提和条件。坚持安全驾驶应做到：

1）保持安全速度，严禁超速驾驶；

2）遵守法律法规，杜绝争道抢行；

3）控制跟车距离，避免追尾碰撞；

4）变道提前示意，避免随意变道；

5）集中注意力驾驶，驾车时不接打手机。

（5）文明礼让行车

文明礼让行车是良好道德品质和服务意识的具体体现，在车辆行驶过程中要依法依规行驶、不争不抢，坚持做到“礼让三先”。

（6）恶劣气象条件下谨慎运营

1）雨雪天路况复杂，要注意防滑、减速慢行，保持视线清晰；雾天能见度低，要及时开启雾灯。

2）车辆行驶中遇到较大横风干扰时，司机要紧握方向盘，保持方向，并缓慢降低车速，减小横风的影响。

3）高速公路视野单一，要注意避免疲劳驾驶。

（7）注意乡村和山区道路行驶安全

乡村路况复杂，应减速慢行通过；山区道路坡多弯急，应减速慢行，转向时要提前鸣笛。

（8）注意夜间行车安全

夜间视线不良，司机要正确使用灯光，也要避免滥用远光灯。

54. 临时停车应遵守哪些安全规定?

如车辆在道路上需要临时停车，应当遵守下列规定：

（1）在设有禁停标志、标线的路段，在机动车道与非机动车道、人行道之间设有隔离设施的路段以及人行横道、施工地段，不得停车。

（2）交叉路口、铁路道口、急弯路、窄路（宽度不足 4 米）、桥梁、陡坡、隧道以及距离上述地点 50 米以内的路段，不得停车。

（3）公共汽车站、急救站、加油站、消防栓或者消防救援队（站）门前以及距离上述地点 30 米以内的路段，原则上不得停车。

（4）车辆停稳前不得开车门和上下人员，开关车门不得妨碍其他车辆和行人通行。

（5）路边停车应当紧靠道路右侧，司机不得离车，上下人员或者装卸物品后，立即驶离。

55. 网约车司机如何预防追尾事故?

安全跟车驾驶，预防追尾事故，必须做到以下几点：

（1）顺应交通流的速度

在流畅的车道上行驶时，应顺应车流速度前进，以确保交通安全顺畅。

（2）保持与车速相适应的车距

在车辆密集的车流中行车，必须与前车保持相适应的车距。车距过大影响道路通行能力，若车距过小，当前车紧急制动时，后车会因制动不及时而撞上前车尾（很多追尾事故是由于跟车距离过小引起的）。

（3）注意观察前面车辆的动态

如果前面车辆制动灯发亮，后车司机应该把右脚放在制动踏板上准备制动。

（4）尽量避免紧随大车之后

若前面是大型汽车，应尽量拉大与前车的距离，或向左（或右侧）与大型车纵轴线错开适当距离，以便观察前方交通动态。

（5）防止起步熄火或后溜

在拥挤的交通流里行车经常走走停停，缓慢跟随前车行驶。若是在起步时发生熄火或后溜，不但容易使司机本人心情紧张，易出现因操作失误而后溜撞后车，也容易使后面尾随车辆的驾驶员出现烦躁情绪而发生过失行为。

相关链接

2020年3月23日，夏某驾驶小型汽车，由西向东行驶至交叉路口时，与前方同车道小型汽车相撞，致前车又与前方同车道另一辆小型汽车相撞，造成连环追尾交通事故。

经交通部门认定，当事人夏某在同车道行驶中，违反了《道路交通安全法》第四十三条规定："同车道行驶的机动车，后车应当与前车保持足以采取紧急制动措施的安全距离。"因此，夏某应负全部责任。

56. 网约车司机如何预防爆胎事故?

车辆在高速行驶中一旦发生爆胎事故，会给司机和乘客带来极大危险。爆胎的主要原因往往是充气过量或不足，轮胎有裂纹、脱皮和其他损伤，或者因路况不好，轮胎碰到尖硬的物体等意外情况导致。为预防汽车爆胎，网约车司机应注意以下几个方面：

（1）平时要检查轮胎是否达到磨耗标志（花纹沟深度）警戒线，正常使用的轮胎磨耗到此标记时就应立刻更换；

（2）至少每两个月检查一次胎压，不能只目测其下沉量，若发现胎压不足应查找漏气的原因；

（3）经常检查轮胎是否有损伤，比如是否有扎钉、割伤，发现损伤的轮胎应及时修补或更换；

（4）两个前轮的轮胎一旦修补过，应及时调整到后轮使用，确保两前轮没有任何隐患；

（5）及时剔除花纹沟中的石子，以免导致轮胎变形；

（6）应避免轮胎接触油类和化学物品，以免对轮胎橡胶造成腐蚀；

（7）定期对车辆进行四轮定位检查，如发现定位不良，则要及时校正，否则会造成轮胎不规则磨损，影响其使用寿命。

57. 网约车司机如何预防疲劳驾驶?

预防疲劳驾驶是保证行车安全的前提，相较于感到疲劳后再改善，不如提前预防司机出现疲劳。可采取以下措施预防疲劳驾驶：

（1）科学安排行车时间，注意劳逸结合

科学、合理地安排行车时间，行车途中注意休息；连续驾驶时间不得超过 4 小时，在连续行车 4 小时后，必须停车休息 20 分钟以上。

（2）保持良好的驾车环境

在行车过程中，应保持驾驶室空气畅通，室内的温度和湿度适宜，尽量减少噪声干扰。

（3）保证足够的睡眠时间和良好的睡眠效果

养成按时就寝的习惯，每天保持 7~8 小时的睡眠，睡前 1.5~2 小时内不饮食，睡前 1 小时内不多饮水、不进行过度脑力工作；卧室内应保持通风、清洁，床不宜太软，被子不要过重、过暖，枕头不宜过高。

（4）注意合理安排休息方式

驾驶车辆时避免长时间保持一个固定姿势，可时常调整坐姿并进行深呼吸，以促进血液循环；最好在行驶一段时间后停车休息，下车活动腰、腿，放松全身肌肉，避免疲劳。

（5）养成良好的饮食习惯，提高身体素质

膳食宜选择易消化、营养价值高的食品；多吃含维生素类的食物，以防止眼睛干燥、疲劳、夜盲症的发生；多吃含纤维素的食物，可以增强胃、肠的蠕动，防止便秘和痔疮；切忌饮食不规律。

58. 减少或避免出现视野盲区的措施有哪些?

司机的视野盲区是极大的安全隐患，由于盲区的存在，极易造成司机判断不当以致操作失误，并由此导致交通事故的发生。

（1）保证驾驶条件

为了减少车辆在行驶中产生的盲区，网约车司机必须保证所驾驶的车辆具有以下安全行驶条件：

1）调节好内外后视镜的角度、座椅及方向盘的位置；

2）自然握住方向盘；

3）腿部要有一定的活动空间；

4）用脚踩离合器踏板、制动踏板和加速踏板时不费力；

5）身体不前倾。

（2）排除盲区

常见的视野盲区有车头盲区、车尾盲区、后视镜盲区、车底盲区。不同的盲区有不同的应对办法：

1）车头盲区。造成汽车前方车头盲区的因素有车身高度、座椅的高度、车头的长度、司机的身材等，如果没有很好地控制车头盲区，很容易发生碰撞事件。为了避免出现车头盲区，司机应尽可能与前车或者障碍物保持足够的距离，熟悉车头盲区大小，平稳控制车辆，开车时坐姿要正常。

2）车尾盲区。从后车门开始向外侧展开有大约30° 的区域在反光镜的视界以外，这一区域被称为车尾盲区。通俗而言，即当后车车头在前车的后车门附近时，在前车的后视镜里无法看见的，极易发生剐蹭和追尾事故。为了避免车尾盲区，司机在倒车前应检查车尾是否有障碍物，再缓慢倒车。在倒车时可以让旁人协助指挥，尽可能与障碍物保持足够的距离。

3）后视镜盲区。后视镜并不能完全反映车身周围的全部信息，因为后视镜的视觉区之间都存在或多或少的盲区。当车辆需要变线或者拐弯时，需提前打转向灯以保证安全。由于当时车身与车道形成一个角度，左后视镜的视野也相应偏转了一个角度，刚好看不到较近的最内侧车道情况，所以每次大角度并线时一定要向左转头仔细观察，慢速偏转。也可以选择在车内后视镜上加装一块大视野的辅助镜，这些方法都能尽量减少后视镜外侧盲区的范围。

4）车底盲区。车底盲区是车内视线根本无法到达的区域，往往会造成较大的安全隐患。司机在进入车内之前，要养成绕车观察一周的习惯，并检查车辆底部是否安全。在起动车辆时，可按几下喇叭再前进。

59. 暴雨天气安全行车的注意事项有哪些?

（1）低速行驶，保持视线清晰。雨天行车容易打滑，车辆一定要减速慢行，时速不要超过 60 千米 / 小时。在雨天不开窗情况下，车内与车外温差明显，会在车玻璃上产生雾气，影响视线，这时应打开空调冷风，以减少车内雾气，保证视线清晰。如遇暴雨不要随意使用远光灯，一般情况下远光灯会在雨水中反光，严重影响视线。

（2）观察积水，确认安全后才通过。在路上要尽量绕行积水路面，以免车辆误入深坑、水渠等而导致抛锚或轮胎被扎破。一旦进入积水路面，一定要保持低速行驶，尤其是当水面高度高于排气管高度时，需格外小心。在这种情况下，行驶时一定注意与前车保持合适距离。车辆发生熄火后，切记不可重新启动。

（3）人员被困后应保持冷静，寻机逃生。暴雨发生后，经常在桥下和低洼路段形成很深的积水，容易导致车辆抛锚被困，这时需要车内人员立即弃车逃生以保安全。发生车辆入水情况时，如果车辆尚未完全进入水中，应及时离开车辆，必要时可打开天窗逃生。

（4）雨天行车过程中，除注意行人、自行车及动物等的动向外，还应注意路旁的电线杆、广告牌、树木等是否被风刮倒。

（5）雨天行车过程中，对前方的涵洞、桥梁、排水沟等都应做好充分估计，必要时下车观察，切勿盲目行车。

（6）雨天行车上下坡时，应观察好路面情况，防止车辆行至中途发生车轮打滑而造成车辆横移。

（7）在连续多雨季节，从安全角度考虑，可换用排水力强的轮胎，避免因胎压过低与地面接触的胎纹挤成一团，削弱排水效果。

（8）遇到大暴雨或特大暴雨时，道路能见度很低，雨刮器已很难完全擦拭掉风挡玻璃上的雨水。为了安全起见，此时司机不要冒险行驶，应选择安全地点停车，并打开示廓灯，待雨小或雨停时再继续行驶。

60. 大雾天气安全行车的注意事项有哪些?

（1）遵守交通规则限速行驶，千万不可开快车，因为雾越大，可视距离越短，开快车极容易发生交通事故。

（2）雾天最好不要超车，发现前方车辆靠右边停驶时，不可盲目绕行，要考虑到此车是否在等让对面来车；超越路边停放的车辆时，要在确认其没有起步的意图而对面又无来车后，鸣喇叭，从其左侧低速绕过。

（3）不要开“冒险车”：在出车之前，根据当时道路的能见度，判断是否可以开车，如果能见度很低，最好不要出车；如果已经在路上，可以在确保安全的位置临时停车，等雾散去后再继续行驶，此时应当开亮雾灯等“警示”装置。

（4）谨慎制动。在寒冷、湿度大的天气，路面极易形成薄冰，此时应避免紧急制动，以防侧滑发生事故。

（5）勿用远光灯。因为远光灯的设计是大面积照射，容易在雾里散射，在司机眼前形成散射光团，遮挡司机的视线。

（6）检查车况。雾天水汽很容易凝结在风挡玻璃表面，造成视线模糊。出车时应将风挡玻璃上的水雾擦干净，同时检查车辆的安全技术状况，特别是制动和灯光（雾灯、示宽灯）、雨刮器等。

（7）勤按喇叭，以警示行人和车辆。听到其他车的喇叭声时应鸣笛回应，使对方清楚自己车辆的位置。

（8）在大雾中，可以尽量利用剩余的视距，看着路中间的分道线行驶，但注意不要压线行驶，否则对向会车很危险。最好不要沿着路边行驶，雾天路边往往存在临时停车以及等待雾散的行人，沿路边行驶可能会与他们相撞。

（9）由于雾气易在风挡玻璃外形成小水珠而影响视线，雾天行车时，可间歇使用雨刮器，把风挡玻璃上因雾气凝成的小水珠刮干净，以改善视线。

（10）雾中行车的司机应打开雾灯及示宽灯，严格遵循靠右侧通行的原则缓慢行驶，车辆之间、车辆与行人之间都要保持充分的安全距离。会车时，如对面来车车速较快，要主动减速让行，必要时靠边停车。雾天停车时，车要停靠在路边并开启雾灯和双闪灯，司机和乘客应远离车辆。

61. 冬季安全行车的注意事项有哪些?

（1）冬季天气寒冷，开空调的时候注意不要长时间使用内循环。因为使用内循环时，车内空气无法得到有效的交换，可能造成一氧化碳中毒。

（2）冬天温度低，润滑油黏度增大，润滑效能降低，妨碍传动装置、转向装置等正常运转，起动后应先预热一段时间或低速行驶一段距离再加速行驶。

（3）冰雪路面行驶的车辆应加装防滑链条，行驶中不得猛转方向盘，要稳压油门踏板，低速缓行，途中尽量少换挡，避免猛加油，也不要急制动，以防车辆侧翻。

（4）冬天在冰雪路面开车必须保持安全车距，对前方道路状况要提前做出判断以及时应对，注意控制车速。

（5）如果有雾或风挡玻璃内侧有水汽等阻挡视线，必须立即使用空调或除雾剂清除。

（6）如果车身和玻璃上落有积雪，开车前必须认真将积雪全部清理干净，防止积雪阻挡视线。

62. 网约车司机如何保护自己免遭人身伤害?

（1）规范自己的言行，不与乘客发生矛盾

1）不要主动与乘客搭话或与乘客聊天，如询问乘客个人信息及个人经历等。也不要加入乘客间的谈话，或对乘客的言行发表评价或看法。

2）遇到违反乘坐要求的乘客要委婉提醒。如果遇到乘客人数超员、携带宠物、醉酒等情况，司机有权拒载，但是要注意言辞，不可激怒乘客。

3）遇到情绪激动且有冒犯行为或不讲道理、胡搅蛮缠的乘客时，不能被其激怒，应保持礼貌和理智，尽量缓和气氛。如果对方已经有侵害自己的行为，注意灵活变通，伺机求救或合法自卫。

（2）提高预警意识，警惕可疑订单和可疑乘客

1）订单目的地为安保薄弱的区域或地图显示较为荒芜区域时，可以打电话与乘客沟通，如果认为不安全可以取消订单。

2）注意观察乘客神态。若乘客上车后，发现其醉酒、行为可疑或偏激、暴躁，可以试探乘客来意或发出预警信号。如果乘客明显神志不清或处于精神异常状态，应当适当放慢车速，观察乘客的举动，以便其有暴力倾向时，可以尽快做出反应。

3）留意乘客的包裹异常。在乘客上车前，注意观察乘客携带的物品。对包装严密又无特征的行李，可提出主动帮助提拿、安放并询问试探，如果乘客坚决拒绝帮助且神色紧张、语无伦次，应当小心防备。

4）应急情况下应及时向亲友或同事报备，请他们一起提高警惕，及时确认自己的安全状况。

（3）增强应变能力，遇到危险乘客学会自保

1）如果乘客口头表达犯罪意图，司机务必保持冷静，尽快报警，也可以通过造成可控交通事故或其他手段延缓事态。

2）如果遇到持械挟持或敲诈勒索，要保持冷静、临危不惧，注意观察周围环境和犯罪嫌疑人的言行，随机应变。也可采取一些非正常或违规驾驶举动，设法引起警察的注意。在财产和生命安全面前，应首先考虑生命安全。

相关链接

2020 年 8 月 13 日，乘客孔某酒后乘坐司机张某的网约车，在轿车上因不肯系安全带与张某发生口角。争执未果后孔某动手殴打张某，致张某头部骨折住院治疗。

第6章 网约上门服务人员工伤预防

63. 网约上门服务人员工作中易受哪些伤害？

（1）劳动用具伤害

由于不熟悉劳动用具，比如已经变形脱落的拖把和扫把、锋利的金属杆等可对使用者造成不同程度的划伤或刺伤。

（2）家用电器伤害

1）触电。擦拭电器或开关时容易发生触电伤害。

2）机械伤害。一些老旧的家电稳定性差、运动部件倾倒、运动部件脱落易造成使用者机械伤害。

3）电磁辐射伤害。正常的电器在使用过程中产生的电磁辐射不会对人体造成明显伤害，但是有些家庭会使用紫外线灯对室内进行消毒，若家政人员不知情且长时间受到照射，则有可能会引起皮肤红肿、疼痛、脱屑等症状，严重者甚至会引起皮肤的癌变。紫外线还会对眼睛造成伤害，可引起急性角膜炎和急性结膜炎，长时间受到照射，甚至会诱发白内障。

4）火灾。许多家用电器都会因发热而成为点火源，如白炽灯、电砂锅、电饭锅、日用电炉、电烙铁和液体加热器具，使用不当或设备故障容易引起火灾。

5）有害物质泄漏。家用电器中所装配的元器件和原材料很复杂，有些元器件和原材料中含有毒性物质，它们在产品发生故障、爆炸或燃烧时可能挥发出来影响人体健康。

（3）烫伤、灼伤

烹饪食物过程中容易发生被高温物体烫伤的情况；使用消杀清洁力较强的清洁剂时，清洁剂中有害物质如不慎飞溅入眼也会造成眼部灼伤。

（4）粉尘伤害

洒扫或使用吸尘器时，空气中会悬浮大量粉尘，大量吸入粉尘后短时间内会有呼吸困难或过敏反应的症状，长时间在厨房作业也会吸入过多油烟。

（5）其他伤害

1）高处坠物伤害；

2）因地表湿滑不慎摔伤；

3）擦洗外窗玻璃时不慎高处坠落受伤；

4）受暴力伤害；

5）传染病流行时被感染；

6）由于错误使用化学品而中毒。

64. 网约上门服务人员应遵守哪些行为规范？

（1）初到客户家时，主动向客户出示相关证件，遵守职业规范。

（2）到客户家里后要主动介绍自己的情况，明确表明自己的态度。对客户提出的要求要有问有答，不要用摇头或点头表示，要明确表达自己的意见。

（3）饭前便后要有效清洁手部，注意个人卫生。

（4）注意礼节，未经客户允许不要进入卧室，如果必须进入则要先敲门，出去时记得要把门随手关好。不得私自使用客户的生活用品、化妆品等，更不能因好奇翻看主人的私人物品（信件、抽屉、首饰等），不得向客户索要物品。

（5）严于律己，宽以待人，待人处事持积极态度；为人热情、开朗、自信；心胸开阔、情绪稳定、自制力强；调整好自己的心态，不要向客户诉苦、抱怨。

65. 网约上门服务人员如何安全用电？

（1）家用电器使用完毕后，应该切断电源，尤其是电熨斗、电炉等大功率电器。

（2）常用电器如冰箱、洗衣机、电饭锅等，应定期检查插头和引线；对于经常需要搬动或容易发热的电器，因接电插座屡屡受热、冷却，可能会松脱，须定期检查其软线和凹接头。

（3）暖炉、冷气机、电熨斗等大功率家用电器，插头不可插在照明用的插座上，以免熔断体因电流过载而烧断。

（4）不要在浴室使用吹风机、暖炉及其他用交流电的电气用具。

（5）使用吊灯时，悬垂引线会发热，绝缘层日久会变脆甚至破裂，应及时更换。不能用纸做灯罩，也不能用灯泡烘烤服装。

（6）修理、调校电气用具前，应该拔出插头。换灯泡时，应关闭电源开关。

（7）给软线装配插头时，检查一下各电线是否接到正确的接线头。一条软线内通常有火线、中线、地线三条电线，其颜色组合一般有以下三种：棕蓝、黄、绿，红、黑、铜（裸铜线），红、黑、绿。在软线进入插头的小孔时，如果软线内的电线外露，应重新安装好。

（8）不要直接将电线插入插座，须先连接插头。拔插头时，不要拉拽电线，以防拉松漏电。

（9）塑胶插头容易破裂，常受碰撞的电器要装上橡胶插头。

（10）如电线长度不够，可用接线器连接，及时换上长度适合的电线。随意将两根电线拧在一起，使用胶纸包裹接口存在较大危险，易导致意外伤害。

（11）插座不可过载。几件电气用具共用一个插座时，总功率不应超过插座的负载能力。

（12）检查引线或用湿布把它擦干净前，须先把总开关关掉，以防有水渗入缝隙，引发触电。

（13）加强厨房用电安全。对电源和用电设备要定期进行检查，所有电器都要有接地线，手部潮湿时不应接触电源，以免触电。用电锅煮食物时，要防止水分烧干起火。给电水锅注水前，应拔掉插头。酒精、汽油、煤气瓶、火柴等易燃易爆的危险品，不能放在炉具或电源插座附近。

血的教训

2017 年 8 月 7 日，某市发生一起触电事故，导致一家三口惨死。据专家调查结果，事故的直接原因是该单元 302 室事发前修理线路时将地线与火线错接，导致整个单元地线带电。正好 502 室的一名家庭成员在使用电热水器洗澡时经由喷洒管触电，其他两名家庭成员在施救过程中相继触电，最终导致三人均触电身亡。事发时由于触电电源来自其他家庭，502 室家庭人员施救前无法断电。而且其所在小区配电情况非常混乱，配电系统老化却久未改造，整个住宅区均没有安装漏电保护开关，导致出现了火线漏电情况之后，未能有安全保护装置起作用。

66. 网约上门服务人员如何预防厨房烫伤事故?

网约家政人员、网约厨师等网约上门服务人员做饭时要接触各种热源，很容易发生烧伤和烫伤。为了防止受到烫伤，应注意以下事项：

（1）衣袖必须放下，围裙的位置也要穿戴适当。

（2）拿热器具或热食物时，注意用厚布垫着，端热锅或热盆时，应使用双手。

（3）将食物原料或调料加入热的汁、油、汤、水时，要格外小心，以免造成热汤飞溅。

（4）开蒸锅时，要先将蒸汽关闭，过数分钟后再开，以免蒸汽烫伤人。

（5）严禁在地板上放置烧热的炊具或其他装有热食品的用具，以免烫伤。

（6）不要搬运过高的物品，以免因无法保持平衡而跌倒受伤；不要在较高的置物架上放置汤、汁、油、水，以免发生倾洒烫伤。

67. 网约上门服务人员如何正确使用厨房刀具？

（1）对刀柄经常进行清洗，以免打滑。

（2）保持刀具的清洁和锋利。若使用钝刀，不但影响工作，而且容易因用力不当而受伤。

（3）放刀时要平放，不要刀锋向上，也不要将刀或其他锋利器具放在水盆里。

（4）持刀走路时，刀锋应指向地面；如果刀不慎从手中滑落，千万不要试着用手去接，应迅速躲避，以防刀具砸在脚上受伤。

（5）使用绞肉机、搅拌机时，推压食品必须用专用的填料器，千万不要随便将手放在搅拌器中，以防被里面的刀刃伤到。

68. 网约上门服务人员如何安全使用燃气?

（1）使用燃气要防泄漏。如果发现泄漏，应立即将门窗打开，千万不要开启电灯或点火照明。

（2）在使用液化石油气完毕后，应随手关闭阀门。使用液化石油气的厨房不要同时使用其他明火，冬季天冷时，不要用明火烘烤气瓶。另外，气瓶不要放在住人的房间里。

（3）如果闻到异常气味，并有人出现恶心、呕吐、嗜睡，甚至嘴唇樱红、口吐白沫等症状，应立即送往医院抢救。

（4）如果燃气表与燃气灶是垂直安放，应在燃气表的底部装一块隔板，规格约为 30 厘米 ×30 厘米，以防止燃气表被煤气灶发出的热量烤化。

（5）如果发现燃气泄漏，需要注意：

1）不要点火，熄灭香烟、蜡烛等所有火种。

2）不要开、关任何电器开关，也不要按门铃。因为开或关电器开关都会产生火花，可能会点燃燃气。

3）检查燃气用具开关，如果开关处于关闭状态但嗅到异味，很可能有燃气泄漏，应马上关掉燃气总阀。

4）发现燃气泄漏时，应迅速将所有门窗打开，让燃气散出室外，同时离开现场，待修理妥当、气味散尽后才可回到屋内。

5）离开房间后，可联系燃气公司或物业报修，禁止自行修理任何燃气用具或管道，也不应随意让非专业人员修理。待修理员修理妥当后，检查所有燃气用具的开关是否都已关上。

69. 网约上门服务人员如何保护自己免遭人身伤害?

（1）熟悉服务地址及其周边环境。

（2）每次上门服务时应主动向公司报备。

（3）确保自己的联系方式畅通。

（4）服务过程中应注意服务环境存在的风险，警惕周围可能出现的人身伤害行为，及时躲避伤害。

70. 网约上门服务人员上下班通勤过程中需要注意哪些安全问题?

（1）乘坐交通工具安全

1）疫情期间乘坐公共交通应注意全程佩戴口罩。

2）乘车、地铁时应注意脚下安全以及财物安全。

3）骑自行车或者电动自行车时应注意骑行安全。

4）搭乘出租车或网约车时应注意行车路线、司机驾驶情况以及自身的乘车安全，例如系好安全带，不把头或手探出窗外等。

5）不随意搭乘客户的车，如果客户提出可以顺道接送建议尽量婉拒。

（2）进入客户住宅安全

1）遵守门禁管理要求。

2）乘坐电梯时应注意乘梯安全。

3）小心窗边、阳台、楼梯等位置，防止高处坠落伤害。

相关链接

据统计，在2018—2020年发生的100个网约家政服务人员职业伤害事故中，其中有将近80%的事故都属于上下班通勤过程中的交通事故。这是因为一方面家政服务人员一般受到割伤、摔伤、剐蹭等轻微伤害很少被统计进数据中；另一方面，网约家政服务人员受到接单的时间限制，在上班途中往往比较心急，甚至会出现违反交通规则的情况，从而导致交通事故多发。

71. 网约上门服务人员如何保护自身权益？

（1）增强法律意识。熟悉并理解平台合约协议的内容，如有疑问及时向平台咨询，也可进行专业的法律咨询。

（2）加强取证意识。如果在工作过程中已经有受到侵犯的苗头，要加强收取证据的意识。人们在社会交往中比较重视人情，不太重视证据，对可能发生的纠纷缺乏取证的意识，这不利于今后对自身权益的维护。

（3）如果平台或中介没有制定规则，服务人员本人可以自行与客户签订协议，由双方签字，这也有一定的法律约束力。

（4）面对可能侵害自身权益的情况，首要任务是保护自己，学会拒绝。

第7章 网约工职业健康知识

72. 什么是职业病？

《中华人民共和国职业病防治法》（以下简称《职业病防治法》）中对职业病作出了明确的定义：职业病是指企业、事业单位和个体经济组织等用人单位的劳动者在职业活动中，因接触粉尘、放射性物质和其他有毒、有害因素而引起的疾病。这个定义明确了职业病的病因，即可能导致从事职业活动的劳动者患有职业病的各种职业病危害因素。

各个国家都会根据本国的经济社会发展水平、工伤保险承受能力等具体情况，通过一定的法律程序确定下来一系列职业病种类，称为法定职业病。在我国，依据《职业病防治法》，职业病的分类和目录由国务院卫生行政部门会同国务院劳动保障行政部门制定、调整并公布，现行的《职业病分类和目录》中规定的职业病共 10 类 132 种。根据《工伤保险条例》第十四条第四项的规定，患职业病的应当被认定为工伤。患职业病的工伤职工，在治疗和休息期间及在鉴定伤残等级或治疗无效死亡时，均可依法享受工伤保险待遇。

在生产劳动中，接触生产中使用或产生的有毒化学物质、粉尘、气雾、异常的气象条件等职业病危害因素，或是长期强迫体位操作，局部组织器官持续受压等，均可能引起职业病，生活中常常将这类疾病认作广义的职业病，即工作有关疾病。广义来说，职业病也属于工作有关疾病，但一般所称工作有关疾病与职业病有所区别，即工作有关疾病特指另一些既与工作有关，但又与职业病有区别的疾病。

目前网约工群体所从事的职业罹患法定职业病的可能性较低，许多影响着网约工人身安全健康的疾病绝大部分属于工作有关疾病。

法律提示

2013 年 12 月 23 日，国家卫生计生委、人力资源社会保障部、国家安全监管总局、全国总工会等四部门联合印发《职业病分类和目录》(以下简称《分类和目录》)。该《分类和目录》将职业病分为 10 类 132 种，包括：

（1）职业性尘肺病及其他呼吸系统疾病（如矽肺、煤工尘肺等 19 种）；

（2）职业性皮肤病（如接触性皮炎、电光性皮炎等 9 种）；

（3）职业性眼病（如化学性眼部灼伤、白内障等 3 种）；

（4）职业性耳鼻喉口腔疾病（如噪声聋、铬鼻病等 4 种）；

（5）职业性化学中毒（如汞及其化合物中毒、氯气中毒等 60 种）；

（6）物理因素所致职业病（如中暑、减压病等 7 种）；

（7）职业性放射性疾病（如外照射急性放射病、内照射放射病等 11 种）；

（8）职业性传染病（如炭疽、森林脑炎等 5 种）；

（9）职业性肿瘤（如焦炉逸散物所致肺癌、苯所致白血病等 11 种）；

（10）其他职业病（如金属烟热、井下工人滑囊炎等 3 种）。

73. 网约工有哪些常见工作有关疾病？

由于网约工很少存在工作时间的限制，部分网约工为了获取高额报酬，会不计时间地过度劳动。在这种情况下，网约工的劳动具有劳动强度大，长时间保持固定姿势，作息、饮食不规律等特点，从而导致网约工工作有关疾病频发。

网约工常见的工作有关疾病有如下几类：

（1）消化系统疾病

由于长期饮食不规律，大多数网约工都饱受胃病等消化系统疾病的困扰。尤其是外卖配送员和网约厨师等群体，正常的午餐、晚餐的用餐时间反而是其工作最忙的时候，是易患消化系统疾病的高危人群。

（2）腰椎病

网约车司机、网约家政服务人员、网约搬家公司的搬运工、网约厨师等网约工在工作中长期保持固定、僵化的工作姿势，极易诱发腰椎病等疾病。

（3）呼吸道疾病

外卖、快递配送员常年在道路上奔波，容易受到汽车尾气污染；网约厨师在散布大量油烟的狭小厨房内工作，如果厨房通风条件不佳，油烟大量进入厨师肺部，则容易引起疾病。这两类网约工是呼吸道疾病的易感人群，常见的主要有气管炎、支气管炎、鼻炎等。

（4）噪声引起的疾病

道路上机动车发动机运转、汽车喇叭、所载物体的振动等和厨房内各种炊具、油烟机产生的噪声，都可能对网约工造成伤害。网约工长期在噪声环境下工作，容易产生耳鸣、听力损伤等症状，严重者可能导致噪声性耳聋。

除此之外，网约工还可能患有振动病、静脉曲张、腕部腱鞘囊肿、前列腺炎、视力疲劳、视力受损等工作有关疾病。

相关链接

长期的高强度作业容易引发工作有关疾病，不管是出租车还是网约车司机，基本上或多或少都会有颈椎、肩周、坐骨神经痛，腰酸背痛等；长时间憋尿容易引起膀胱和肾脏方面的问题；饮食不规律则容易引起肠胃疾病。

近期，首都医科大学、国家卫生健康委员会卫生发展研究中心、中国医学科学院三家机构的有关专家，对近万名网约车司机的健康状况进行了一次联合调查。调查显示，50%以上的网约车司机每天开车时长超过 11 个小时，将近 50% 的司机每天出车过程中下车活动时间不超过 5 分钟，77.81% 的网约车司机每天出车饮水量不足 800 毫升，97.35% 的网约车司机饮食不规律。而此前一份“网约车司机健康调查”显示，颈椎、腰椎疾病是网约车司机最大的健康风险，其次是痔疮、肠胃疾病、脂肪肝等。

74. 网约工常见工作有关疾病的预防措施有哪些?

（1）消化系统疾病预防

网约工容易患有的消化系统疾病大多是胃病，主要是由于饮食不规律造成的。加之网约车司机久坐不活动，肠胃蠕动慢，消化腺分泌消化液减少，容易引起其他消化系统疾病。

规律的饮食习惯是最根本的预防方法，但对于网约工而言做到这一点并不容易。因此可以考虑随身携带一些零食，随时补充能量。此外平时应养成健康的饮食习惯，不要暴饮暴食、少吃辛辣的食物，也不要太晚吃东西。同时，可以在医生的指导下适当服用一些胃黏膜保护剂、抑酸剂或胃动力药。

（2）腰椎病、颈椎病预防

腰椎病最常见的症状是腰椎间盘突出症。腰椎间盘突出症是脊柱外科常见病和多发病，是引起腰痛和腰腿痛的最常见原因，主要表现为腰疼、坐骨神经痛、下肢麻木及马尾综合征等症状。从事重体力劳动者（如网约搬家公司的搬运工）以及驾驶员，由于腰椎受压过重或长期直立体位，属于腰椎病的易发人群。

颈椎病是一种以椎间盘退行性病理改变为基础的疾病。由于颈椎长期劳损、骨质增生或椎间盘脱出、韧带增厚，致使项脊髓、神经根、椎动脉受压，交感神经受到刺激，出现一系列功能障碍的临床综合征。网约车司机需要长时间集中注意力，姿势相对固定，开车时很难保持正确的坐姿，颈椎承受的压力大大增加，容易出现颈椎病的症状。此外，网约家政人员、网约厨师也有较高的颈椎病发病率。

网约工可以通过在工作间隙频繁移动四肢，尤其是移动颈部，达到预防颈椎病的目的。对于腰部疾病的预防，最主要的措施是加强自身保护，即加强腰部肌肉的功能锻炼，每天定时或休息时进行腰背部肌肉功能锻炼。同时，要注意劳动强度，不要逞强；腰部受伤后应及时治疗，受到腰伤后最好佩戴腰托。

（3）呼吸道疾病预防

常见的呼吸道疾病主要有气管炎、支气管炎、鼻炎、肺炎等。

网约工患呼吸道疾病往往是由于厨房油烟或者道路汽车尾气污染导致，网约厨师、网约配送员、外卖配送人员也是呼吸道疾病发病率较高的网约工群体。

网约厨师预防呼吸道疾病可以从两方面考虑：一方面是要改善厨房内的通风状况，合理使用抽油烟机、排气扇，经常开门窗，使油烟及时排到室外，如果出现油烟机老旧、性能损坏的状况要及时反馈维修。另一方面是休息时要多到室外去透透气、吹吹风，呼吸新鲜的空气，不能长时间待在空气流通不佳的地方，饮食上也要多吃一些排毒润肺的食物。

对于网约配送员及其他易感人群，需要注意加强自身防护，佩戴好口罩等劳动防护用品，减少有害气体对自己的伤害。

（4）噪声引起的疾病预防

一般来说，高音扬声器的噪声对人的听力危害很大，所以应该使用低音扬声器。对于网约车司机而言，开车时播放音乐，音量不要太大，以减少噪声对人体的影响。

此外，劳动防护用品的佩戴对预防噪声引起的疾病也非常关键。尽量采用一些噪声比较小的机器，同时在不影响工作的情况下，适当佩戴一些减缓噪声的保护工具，如防噪声耳塞、耳机等。

75. 网约工为什么需要职业健康检查?

传统行业用人单位要求职工做入职体检已成常态，对于用工灵活自由、入行门槛低的网约工，网络服务平台也往往会为职工提供入职体检或要求其自行体检并上传证明。相较之下，网约工群体更需要进行职业健康检查，其原因在于：

（1）网约工自身的特点决定其必须接受职业健康检查

网约工群体用工形式灵活、流动性强、工作独立性强、自由度高，这些特点导致网约工的背景和健康状况不透明，网络服务平台和用户不了解这些信息，就无法对其产生信任，从而或多或少影响网约工的工作效率和工作质量。另一方面，大量网约工以兼职形式存在，其中不乏退休人员、妇女和未成年人，这类人群的健康更具脆弱性，是职业伤害和职业病的高发人群，职业禁忌也更多，网络服务平台需要通过职业健康检查的方式掌握其健康状况。

（2）职业健康检查可以保护网约工自身的生命健康

通过入职前的职业健康检查，可以充分了解职工的健康状况，防止禁忌人群从事相关职业，减少职工的健康风险。另一方面，入职前的职业健康检查有助于及时进行健康干预，降低职工的发病率，保持职工身心健康，节省职工与企业医疗费用的支出，减少因为职工的病休或病假耽误工作进度情况的出现。

（3）网约工的职业健康检查也可以降低客户的患病风险

与传统行业不同，网约工往往需要定点服务客户，存在与客户短期或长期的现实接触，若网约工自身健康状况不佳，存在传染病，可能会影响客户的生命健康和服务体验。如果没有对网约工进行入职健康检查，不了解网约工的健康状况，则等于将客户暴露在被传染上疾病的风险之下。

（4）对网约工进行职业健康检查也是维护网络服务平台形象的需要

如果由于未对网约工进行职业健康检查导致用户患病，不仅对客户的生命健康造成威胁，对网络服务平台的声誉也会造成极大影响。长此以往，会造成客户对网络服务平台的信任危机，甚至导致整个行业都受到较大波及。

此外，入职健康检查的项目一般根据工作性质而设定，存在一定的局限性。在条件允许的情况下，网约工最好能够进行全面健康检查和心理健康检查，在入职后，形成定期职业健康检查的习惯。

76. 用人单位对网约工的职业健康检查负哪些责任?

（1）用人单位不得安排未经上岗前职业健康检查的网约工从事接触职业危害的作业；不得安排有职业禁忌的网约工从事其所禁忌的作业；对在职业健康检查中发现有与所从事职业相关的健康损害的网约工，应当调离原工作岗位，并妥善处置；对未进行离岗前职业健康检查的网约工，用人单位不得解除或者终止与其订立的劳动合同。

（2）用人单位应当为网约工建立职业健康监护档案，并按照规定的期限妥善保存。网约工离开单位时，有权索取本人职业健康监护档案复印件，用人单位应当如实、无偿提供，并在所提供的复印件上签章。

（3）用人单位不得安排未成年人从事产生职业病危害的作业；不得安排孕期、哺乳期的女性网约工从事对本人和胎儿、婴儿有危害的作业。

（4）用人单位发生职业危害事故，应当及时向所在地卫生行政部门和有关部门报告，并采取有效措施，减少或者消除职业病危害因素，防止事故扩大；对遭受职业危害的网约工，及时组织救治，并承担所需费用。

77. 网约工上岗前职业健康检查的内容有哪些?

网约工上岗前职业健康检查是指从事接触存在职业病危害因素作业的新录用人员（包括转岗到该种作业岗位的人员），以及拟从事有特殊健康要求作业（如电工作业、高处作业、职业机动车驾驶作业等）的人员，在开始从事接触职业病危害因素作业之前进行职业健康检查。上岗前职业健康检查均为强制性职业健康检查，其目的是发现有无职业禁忌证，以及建立接触职业病危害因素人员的基础健康档案。

法律提示

《职业病防治法》规定，用人单位不得安排未经上岗前职业健康检查的劳动者从事接触职业病危害的作业，不得安排有职业禁忌的劳动者从事其所禁忌的作业。

78. 网约工在岗期间定期职业健康检查的内容有哪些？

网约工在岗期间，应按照所在单位的安排定期进行在岗期间的职业健康检查。

在岗期间定期职业健康检查，是指对长期从事存在规定需要开展健康监护的职业病危害因素作业的劳动者，在其在岗期间定期地实施职业健康检查。其目的主要是早期发现职业病患者或疑似职业病患者或劳动者的其他健康异常改变，及时发现有职业禁忌证的劳动者，评价作业场所职业病危害因素的控制效果。

在岗期间定期职业健康检查，包括强制性职业健康检查和推荐性职业健康检查，其定期职业健康检查的周期，根据不同职业病危害因素的性质、工作场所职业病危害因素的浓度或强度、目标疾病的潜伏期和防护措施状况等因素决定。

法律提示

《用人单位职业健康监护监督管理办法》规定，用人单位应当根据劳动者所接触的职业病危害因素，定期安排劳动者进行在岗期间的职业健康检查。用人单位应当根据职业健康检查报告，采取下列措施：

（1）对有职业禁忌的劳动者，调离或者暂时脱离原工作岗位；

（2）对健康损害可能与所从事的职业相关的劳动者，进行妥善安置；

（3）对需要复查的劳动者，按照职业健康检查机构要求的时间安排复查和医学观察；

（4）对疑似职业病病人，按照职业健康检查机构的建议安排其进行医学观察或者职业病诊断；

（5）对存在职业病危害的岗位，立即改善劳动条件，完善职业病防护设施，为劳动者配备符合国家标准的职业病危害防护用品。

《职业病防治法》规定，用人单位和医疗卫生机构发现职业病病人或者疑似职业病病人时，应当及时向所在地卫生行政部门报告。确诊为职业病的，用人单位还应当向所在地劳动保障行政部门报告。接到报告的部门应当依法作出处理。

79. 网约工离岗时职业健康检查的主要内容是什么？

网约工离岗时职业健康检查，是指劳动者在准备调离或脱离所从事的存在职业病危害因素的作业或岗位前，对其进行全面的健康检查。体检的内容与项目是依据劳动者所从事的岗位、工种中所存在的职业病危害因素情况而有针对性地选择一些较为敏感的项目，对劳动者进行检查，其目的是确定其在停止接触职业病危害因素时的健康状况。

法律提示

《用人单位职业健康监护监督管理办法》规定，对准备脱离所从事的职业病危害作业或者岗位的劳动者，用人单位应当在劳动者离岗前30日内组织劳动者进行离岗时的职业健康检查。劳动者离岗前90日内的在岗期间的职业健康检查可以视为离岗时的职业健康检查。用人单位对未进行离岗时职业健康检查的劳动者，不得解除或者终止与其订立的劳动合同。

《职业病防治法》规定，用人单位对未进行离岗前职业健康检查的劳动者不得解除或者终止与其订立的劳动合同。

80. 什么是过劳？

在我国，过劳的概念界定主要有三种：

（1）过劳就是过度劳动，是一种行为状态；

（2）过劳是过度疲劳，是一种心理或生理状态；

（3）过劳是劳动者由于工作中超时、超强度的劳动行为，导致疲劳的累积，经过少量休息无法恢复的状态。

综上所述，过劳即是指劳动者在自己的岗位上，从事脑力或体力劳动，长时间在高强度、重压力、高度紧张的状态下从事工作，进而导致的一种身心极度疲惫，短时间休息得不到及时缓解和有效恢复的状态。

因过劳造成的职业性疾患主要有腕管综合征、下背痛综合征、肌腱炎和腱鞘炎、下肢静脉曲张、颈椎病、腰椎间盘突出等。容易引发过劳死的疾病主要有高血压、动脉硬化、脑卒中、脑出血、心肌梗死等。而过劳造成的心理压力引发心理疾病，最常见的是抑郁症，严重的可致劳动者自杀。

相关链接

2019年5月，在瑞士日内瓦举行世界卫生大会的世界卫生组织将过劳列入其《国际疾病分类》，并将过劳描述为“未很好控制的、在工作场所长期承受的压力”，界定过劳有三大症状：感觉筋疲力尽；从心理上想远离工作或对工作产生否定感和质疑感；工作效率降低。

《国际疾病分类》的清单强调称：“过劳特指职业环境中的现象，不应该被用来描述其他生活领域的经历。”其作者说，过劳不同于其他类型的适应障碍，尤其是与压力、焦虑或恐惧相关的疾病以及情绪障碍，后几种病症都有自己所属的类别。

据悉，新版《国际疾病分类》将于2022年在全球生效，它将为医疗服务提供者和保险公司认定、治疗和承保过劳症状提供依据。

81. 网约工为什么会出现过劳现象？

近年来，外卖配送员、网约配送员、网约保洁员等网约工猝死的案例屡见不鲜。在市场竞争加剧的背景下，外卖、快递等行业过度劳动现象有普遍化、严重化的趋势。一般来说，网约工享有较强的自主性，他们可以自由安排自己的工作及休息时间。但在市场竞争压力下，对于缺乏一定技能的、靠送外卖养家糊口的外卖配送员来说，他们不敢轻易给自己放假。作为新生代进城务工人员，他们只是解决了基本的温饱问题，如果想过上更好的生活，负担买房成家、结婚、生育、子女教育等所需的费用，就必须努力拼搏、付出更多的劳动以积累资金。

在这种情形下，由于网约工的劳动很少存在工作时间限制，以透支健康为代价的过度劳动现象越发突出。据调查，近八成的外卖配送员长时间处于不规律的工作状态，经常工作到深夜或没有休息日，由此带来睡眠不足、精神压力大和身体负担重等问题，甚至会造成过劳死。而长期过度劳动，不仅会导致网约工身体疲劳，心理健康也会受到损害，因此网约工不但要重视自己的身体状况，更要关心自己的心理健康。

82. 过劳会对网约工健康造成哪些影响？

过劳对劳动者的伤害，主要通过劳动产生的疲劳状态长时间存在而造成，疲劳又主要分为身体疲劳、脑力疲劳和疾病引起的疲劳。过劳会影响劳动者的身心健康并可能产生各类疾病、影响寿命、降低生活质量，严重时甚至导致过劳死。过劳不仅对劳动者的身体健康有着巨大的损害，还对劳动者的心理健康造成严重影响。

（1）慢性疲劳综合征

作为一种专业医学术语，慢性疲劳综合征最初是由美国全国疾病控制中心于 1987 年正式命名的一种疾病。依据其症状而作出的解释为：在无其他疾病因素、不明原因的情况下持续疲劳 6 个月或以上，并且至少具备包括短期记忆力减退或注意力不集中、咽喉肿痛、淋巴结痛、肌肉酸痛、无红肿的关节疼痛、不明原因的头痛、睡醒后精力无法恢复、体力或脑力劳动后连续 24 小时身体不适等这些症状中的其中 4 项，即可诊断为慢性疲劳综合征。

（2）亚健康

1977 年，世界卫生组织提出：亚健康是一种身体各器官无毁灭性的病变，是人们处于健康与疾病之间的一种生理功能低下状态。劳动者往往身体没有疾病，却出现生理机能减退、代谢水平下降的表现。在生理上的具体表现为：疲劳、困倦、乏力、头昏、失眠等；在心理上则表现为精神不振、情绪低落、反应迟钝、记忆力减退、烦躁焦虑等。亚健康更多是由繁重的心理压力导致的。

（3）过劳死

过劳死一词源自日本，最早出现于二十世纪七八十年代日本经济繁荣时期。日本学者上畑铁之丞认为过劳死是一个社会医学用语，并在其著作《医学的发展》中对过劳死进行了界定，他认为过劳死是劳动者由于持续长时间的劳动，促发脑出血、动脉硬化、心力衰竭等急性病，并致使劳动者丧失劳动能力，心理压力骤增，进而导致劳动者因过度疲劳而猝然死亡。随着研究不断深入，日本逐步将“因心理压力带来的精神困苦等”以及社会上出现的“过劳自杀”现象，也一并纳入了过劳死的范围内。

（4）过劳肥

过劳肥主要是指劳动者由于工作压力大、饮食不规律、睡眠不规律，在长时间的工作中变肥胖的一种现象，被认为是一种疾病。过劳肥导致身体过于肥胖，容易引发二型糖尿病、高胆固醇、高血压、心血管疾病、关节炎、癌症等，严重时会导致过劳死。

（5）过劳自杀

过劳自杀同过劳死一样，其概念源于日本，主要是因为二十世纪九十年代日本经济陷入低迷，企业经营模式发生变化，导致企业职工工作压力增大，长时间工作和沉重的工作压力对职工的身心健康造成影响，进而产生精神疾病，最终导致职工自杀。

（6）工作倦怠

工作倦怠，也称职业倦怠，是美国临床心理学家弗洛登伯格于 1974 年提出的一个术语，是指从事助人行业的人员由于工作时间过长、工作强度过大而引发的身心疲惫，从而产生工作热情减弱、工作能力下降、人际关系冷漠、工作成就感低等许多不良负向症状。

83. 如何预防和避免网约工出现过劳现象？

网约工出现过劳现象主要是由于生活负担和市场竞争的双重压力，网约工不得不过度劳动。因此，预防和避免出现过劳现象的核心是调节网约工的心态，平衡工作和生活之间的关系。

可以通过以下几种方法预防和避免过劳现象出现：

（1）规律饮食

定时餐饮可以保护人的肠胃，调节内分泌激素水平的稳定，有规律的饮食也可以让人保持身体的健康，防止过劳造成的损伤。

（2）保证充足的睡眠

充足的睡眠与休息可以大幅度地缓解身体和精神方面的疲劳，成年人每天必须保证 6 小时以上的睡眠，这样可以有效防止过劳造成的伤害。

（3）适度运动

对于长时间保持同一个工作姿势的网约工，身体关节骨骼容易过度疲劳。而适度的运动，可以缓解这种由于过劳造成的损害。在运动时应当着重对紧张关节进行放松，如果常以坐姿工作，应当多站立做拉伸运动。

（4）改善环境卫生，呼吸新鲜空气

环境对于人身体健康有着十分重要的作用，一个空气清新的好环境可以提高工作效率，防止身体过劳而造成伤害。

第8章 事故应急处置与自救互救

84. 事故应急处置及程序是什么？

所谓事故应急处置，是指为消除、减少事故危害，防止事故扩大或恶化，最大限度地降低事故造成的损失或危害而采取的救援措施或行动。

网约工掌握一定的应急救援知识，对于处理紧急事故，防止和减少伤亡事故有重要的意义。网络服务平台在提供安全生产教育和培训时，要介绍行业内危险源可能存在的位置、发生事故的类型、事故后果的严重程度、事故救援的程序及方法等，并定期组织演练。

事故应急处置程序：

（1）发现紧急情况后，事故现场人员应立即上报单位领导，如事态严重，应直接拨打相关电话报警；

（2）立即疏散事故现场人员；

（3）实施警戒治安，避免无关人员进入现场；

（4）立即采取有效的现场救护措施对受伤人员实施救护和对事态进行控制；

（5）及时将受伤人员送医院救治；

（6）及时报告有关应急救援部门。

85. 车祸发生后可采取哪些急救措施?

车祸发生时，除了确保伤者安全外，必须联络“120”和报告交通管理部门，以防引发其他车祸。车祸时无论伤者受伤程度如何，均需送医就诊。

如果是运输危险化学品的车辆发生了交通事故，不仅会造成人员伤害，还可能由于危险化学品受到撞击、泄漏发生火灾、爆炸或人员中毒等事故。

（1）无法自行处理时，一定要向旁人求救，及时联络救护，确保伤员安全，原则上尽量不要移动伤员。

（2）若出事地点太危险，应当找人帮忙，小心地将伤员搬移至安全场所，为防止引发其他车祸，应利用警示标牌提醒后方来车。

（3）一般来说，头部、胸部受伤或多处受伤者，出血多者及昏迷者，均列为重伤，对垂危伤员及心跳停止者，需立即进行胸外心脏按压及口对口人工呼吸。

（4）对意识丧失者用手帕、手指清除伤员口鼻中泥土、杂物、呕吐物及分泌物，紧急时可用口吸出，以挽救伤员生命，随后将伤员放置在侧卧位或俯卧位，以防窒息。

（5）对出血多者立即进行加压止血包扎，紧急时可用干净手帕、衬衣等将伤口紧紧压住进行包扎，动脉出血不止时，如在四肢，可在伤口上方 10 厘米处扎止血带。

（6）对开放性气胸伤口应进行严密封闭包扎，如果伤员伴有呼吸困难的张力性气胸，有条件时可在其第二肋骨与锁骨中线的交叉点行穿刺排气或放置引流管。

（7）对呼吸困难、缺氧并伴有胸廓损伤，胸壁浮动（呼吸反常运动者）的伤员应立即用衣物、棉垫等充填其胸部，并适当加压包扎，以限制其浮动。

（8）对骨折、脱臼者要就地取材，用木棍、木板、竹片、布条等固定骨折肢体。

（9）发生车祸后，无论伤员伤势多么轻微，即使看起来毫发无伤，也一定要接受医师诊治，否则可能会留下严重的后遗症。

86. 高速公路发生事故后如何应急处置？

（1）在高速公路上行车，车辆发生故障时，应尽快驶离行车道，将车辆停在紧急停车带或路肩内，切不可直接停在行车道内。

（2）停车后，要立即开启危险报警闪光灯，在来车方向 150 米以外设置警告标志，夜间还要同时打开示廓灯和尾灯。

（3）车上人员应迅速转移到高速公路以外的安全地方，不可滞留在紧急停车带或右侧路肩内。

（4）机动车在高速公路上发生故障或交通事故，无法正常行驶的，应当及时申请救援车、清障车拖拽、牵引。

87. 现场骨折固定技术有哪些？

职工在工作中可能因为摔倒、交通事故、物体打击等发生骨折，为了避免骨折的断端对血管、神经、肌肉及皮肤等组织的损伤，减轻伤员的痛苦，以及便于搬动与转运伤员，凡发生骨折或怀疑有骨折的伤员，均必须在现场立即采取骨折临时固定措施。常用的骨折固定方法有：

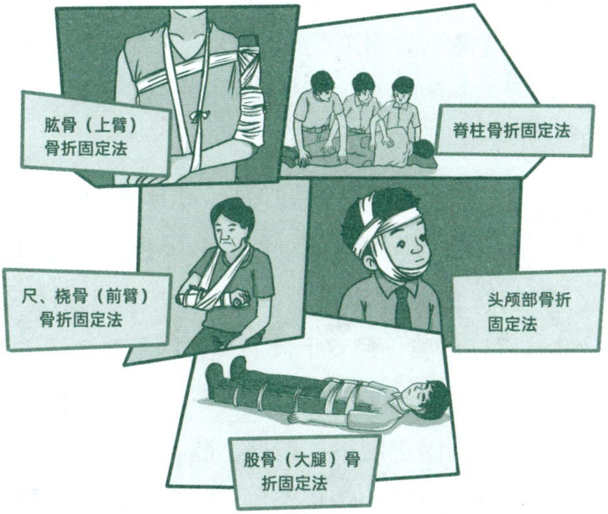

（1）肱骨（上臂）骨折固定法

夹板固定法：用两块夹板分别放在上臂内外两侧（如果只有一块夹板，则放在上臂外侧），用绷带或三角巾等将上下两端固定。肘关节屈曲 90°，前臂用小悬臂带悬吊。

无夹板固定法：将三角巾折叠成 10~15 厘米宽的条带，其中央正对骨折处，将上臂固定在躯干上，于对侧腋下打结。屈肘 90°，再用小悬臂带将前臂悬吊于胸前。

（2）尺、桡骨（前臂）骨折固定法

夹板固定法：用两块长度超过肘关节至手心的夹板分别放在前臂的内外侧（只有一块夹板，则放在前臂外侧），并在手心放好衬垫，让伤员握好，以使腕关节稍向背屈，再固定夹板上下两端。屈肘 90°，用大悬臂带悬吊，手略高于肘。

无夹板固定法：使用大悬臂带、三角巾固定。用大悬臂带将骨折的前臂悬吊于胸前，手略高于肘。再用一条三角巾将上臂带一起固定于胸部，在健侧腋下打结。

（3）股骨（大腿）骨折固定法

夹板固定法：伤员仰卧，伤腿伸直。用两块夹板（内侧夹板长度为上至大腿根部，下过足跟；外侧夹板长度为上至腋窝，下过足跟）分别放在伤腿内外两侧（只有一块夹板则放在伤腿外侧），并将健肢靠近伤肢，使双下肢并列，两足对齐。关节处及空隙部位均放置衬垫，用 5~7 条三角巾或布带先将骨折部位的上下两端固定，然后分别固定腋下、腰部、膝、踝等处。足部用三角巾“8”字固定，使足部与小腿呈直角。

无夹板固定法：伤员仰卧，伤腿伸直，健肢靠近伤肢，双下肢并列，两足对齐。在关节处与空隙部位之间放置衬垫，用 5~7 条三角巾或布条将两腿固定在一起（先固定骨折部位的上、下两端）。足部用三角巾“8”字固定，使足部与小腿呈直角。

（4）脊柱骨折固定法

不得轻易搬动伤员。严禁一人抱头另一个人抬脚等不协调的动作。如伤员俯卧位时，可用“工”字夹板固定，将两横板压住竖板分别横放于两肩上及腰骶部，在脊柱的凹凸部位放置衬垫，先用三角巾或布带固定两肩，再固定腰骶部。现场处理原则是，背部受到剧烈的外伤，有颈、胸、腰椎骨折者，绝不能试图扶着伤员做一些活动，以此“判断”有无损伤，一定要就地固定好骨折处。

（5）头颅部骨折固定法

头颅部骨折的固定方法，主要是保持局部的安定，在检查、搬动、转运等过程中，力求头颅部不受到新的外界影响而加重局部损伤。具体做法是，伤员静卧，头部可稍垫高，头颅部两侧放两个较大硬实的枕头或沙袋等物将其固定住，以免搬动、转运时局部晃动。

专家提示

（1）如为开放性骨折，必须先止血，再包扎，最后再进行骨折固定，此顺序绝不可颠倒。

（2）下肢或脊柱骨折，应就地固定，尽量不要移动伤员。

（3）四肢骨折固定时，应先固定骨折的近端，后固定骨折的远端。如固定顺序相反，可导致骨折再度移位。夹板必须扶托整个伤肢，骨折上下两端的关节均必须固定住。绷带、三角巾不要绑扎在骨折处。

（4）夹板等固定材料不能与皮肤直接接触，要用棉垫、衣物等柔软物垫好，尤其骨凸部位及夹板两端更要垫好。

（5）固定四肢骨折时应露出指（趾）端，以随时观察血液循环情况，如有苍白、发绀、发冷、麻木等表现，应立即松开重新固定，以免造成肢体缺血、坏死。

88. 现场止血方法有哪些?

现场止血方法常用的有五种，使用时要根据具体情况进行选择，也可以把几种止血法结合，一起应用，以达到最快、最有效、最安全的止血目的。

（1）指压动脉止血法

指压动脉止血法适用于头部和四肢某些部位的大出血。方法为用手指压迫伤口近心端动脉，将动脉压向深部的骨头，阻断血液流通。这是一种不要任何器械、简便、有效的止血方法，但因为止血时间短暂，常需要与其他方法结合进行。

1）头面部指压动脉止血法

①指压颞浅动脉，适用于一侧头顶、额部、颞部的外伤大出血。在伤侧耳前，用一只手固定伤员头部，另一只手的拇指对准下颌关节压迫颞浅动脉。

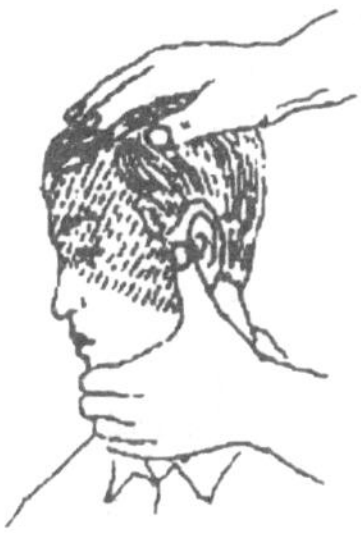

②指压面动脉，适用于面部外伤大出血。用一只手的拇指和食指或拇指和中指分别压迫双侧下颌角前约 1 厘米的凹陷处，阻断面动脉血流。因为面动脉在面部与许多小支相互吻合，所以必须压迫双侧。

③指压耳后动脉，适用于一侧耳后外伤大出血。用一只手固定伤员头部，另一只手的拇指压迫伤侧耳后乳突下凹陷处，阻断耳后动脉血流。

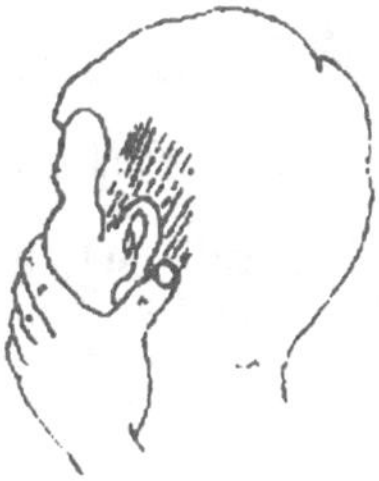

④指压枕动脉，适用于一侧头后枕骨附近外伤大出血。用一只手固定伤员头部，另一只手的四指压迫耳后与枕骨粗隆之间的凹陷处，阻断枕动脉的血流。

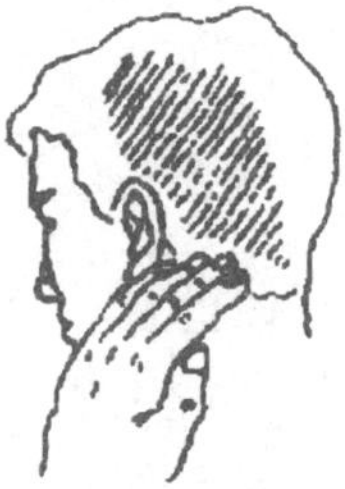

2）四肢指压动脉止血法

①指压肱动脉，适用于一侧肘关节以下部位的外伤大出血。用一只手固定伤员手臂，另一只手的拇指压迫上臂中段内侧，阻断肱动脉血流。

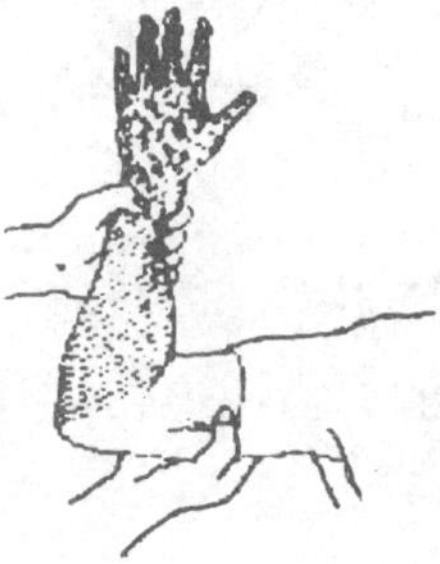

②指压桡、尺动脉，适用于手部大出血。指分别压迫伤侧手腕两侧的桡动脉和尺动脉，阻断血流。因为桡动脉和尺动脉在手掌部有广泛吻合支。所以，必须同时压迫双侧。

③指压指（趾）动脉，适用于手指（脚趾）大出血。用拇指和食指分别压迫手指（脚趾）两侧的（趾）动脉，阻断血流。

④指压股动脉，适用于一侧下肢的大出血。用两手的拇指用力压迫伤肢腹股沟中点稍下方的股动脉，阻断股动脉血流。伤员应该处于坐位或卧位。

⑤指压胫前、后动脉，适用于一侧脚的大出血。用两手的拇指和食指分别压迫伤脚足背中部搏动的腔前动脉及足跟与内踝之间的胫后动脉。

（2）直接压迫止血法

直接压迫止血法适用于较小伤口的出血。用无菌纱布直接压迫伤口处约 10 分钟。

（3）加压包扎止血法

加压包扎止血法适用于各种伤口，是一种比较可靠的非手术止血法。先用无菌纱布覆盖压迫伤口，再用三角巾或绷带用力包扎，包扎范围应该比伤口稍大。这是一种目前最常用的止血方法，在没有无菌纱布时，可使用消毒卫生巾或餐巾等代替。

（4）填塞止血法

填塞止血法适用于较大而深的伤口，先用镊子夹住无菌纱布塞入伤口内。如一块纱布小，无法有效止血，可再加纱布，最后用绷带或三角巾绕至对侧根部包扎固定。

（5）止血带止血法

止血带止血法只适用于四肢大出血，其他止血法不能止血时才用此法。止血带有橡皮止血带（橡皮条和橡皮带）、气性止血带（如血压计袖带）和布制止血带。其操作方法各不相同。

89. 伤口如何进行包扎？

包扎的目的是保护伤口、减少污染、固定敷料和帮助止血。常用绷带和三角巾进行包扎。无论何种包扎法，均要求达到包好后固定不移动和松紧适度，并尽量注意无菌操作。

绷带法有环形包扎法、螺旋及螺旋反折包扎法、“8”字形包扎法和头顶双绷带包扎法等。包扎时要掌握好“三点一走行”，即绷带的起点、止血、着力点（多在伤处）和行走方向的顺序，以达到既牢固又不能太紧。先在创口覆盖无菌纱布，然后从伤口低处向上，左右缠绕。包扎伤臂或伤腿时，要尽量设法暴露手指（脚趾）端，以便观察血液循环。

（1）环形包扎法

绷带卷放在需要包扎位置稍上方，第一圈做稍斜缠绕；第二、三圈做环行缠绕，并将第一圈斜出的绷带带角压于环行圈内，然后重复缠绕，最后在绷带尾端撕开打结固定或用别针、胶布将尾部固定。

（2）螺旋形包扎法

先环行包扎数圈，然后将绷带渐渐地斜旋上升缠绕，每圈呈螺旋状盖过前圈的 1/3 至 2/3。

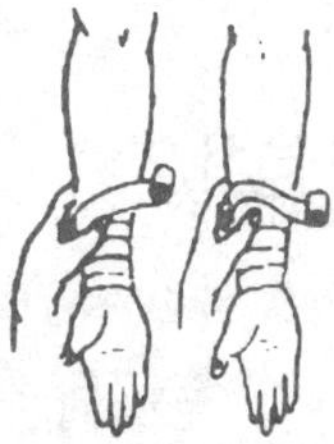

（3）螺旋反折包扎法

先做两圈环行固定，再做螺旋形包扎，待到四肢渐粗处，一手拇指按住绷带上端，另一手将绷带自此点反折向下，此时绷带上缘变成下缘。后圈覆盖前圈 1/3 至 2/3。此法主要用于粗细不等的四肢如前臂、小腿或大腿等。

（4）头顶双绷带包扎法

将两条绷带连在一起，打结处包在头后部，分别经耳上向前于额部中央交叉。然后，第一条绷带经头顶到枕部，第二条绷带反折绕回到枕部，并压住第一条绷带。第一条绷带再从枕部经头顶到额部，第二条则从枕部绕到额部，又将第一条压住。如此来回缠绕，形成帽状。

（5）8 字形包扎法

于关节上下将绷带一圈向上、一圈向下做“8”字形往复缠绕。此法适用于四肢各关节处的包扎，如锁骨骨折的包扎，目前已经有专门的锁骨固定带可直接应用。

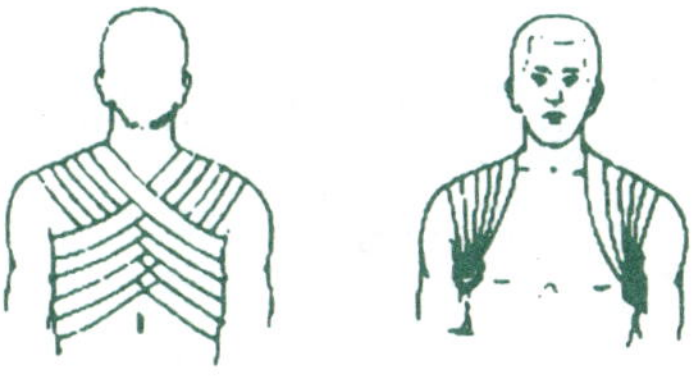

90. 现场紧急心肺复苏如何进行？

实施心肺复苏时，首先判断伤员呼吸、心跳，一旦判定呼吸、心跳停止，应立即进行心肺复苏急救。现场紧急心肺复苏的主要步骤有：

（1）开放气道

用最短的时间，先将伤员衣领口、领带、围巾等解开，戴上手套迅速清除伤员口鼻内的污泥、土块、痰、呕吐物等异物，以利于呼吸道畅通，再将气道打开。

1）仰头举颌法

①救护人员用一只手的小鱼际部位置于伤员的前额并稍加用力使头后仰；另一只手的食指、中指置于下颌将下颌骨上提；

②救护人员手指不要深压颌下软组织，以免阻塞气道。

2）仰头抬颈法

①救护人员用一只手的小鱼际部位放在伤员前额，向下稍加用力使头后仰，另一只手置于颈部并将颈部上托；

②无颈部外伤可用此法。

3）双下颌上提法

①救护人员双手手指放在伤员下颌角，向上或向后方提起下颌；

②头保持正中位，不能使头后仰，不可左右扭动；

③适用于怀疑颈椎外伤的伤员。

4）手勾异物

①如伤员无意识，救护人员用一只手的拇指和其他四指，握住伤员舌和下颌后掰开伤员嘴并上提下颌；

②救护人员另一只手的食指沿伤员口内插入；

③用勾取动作，抠出固体异物。

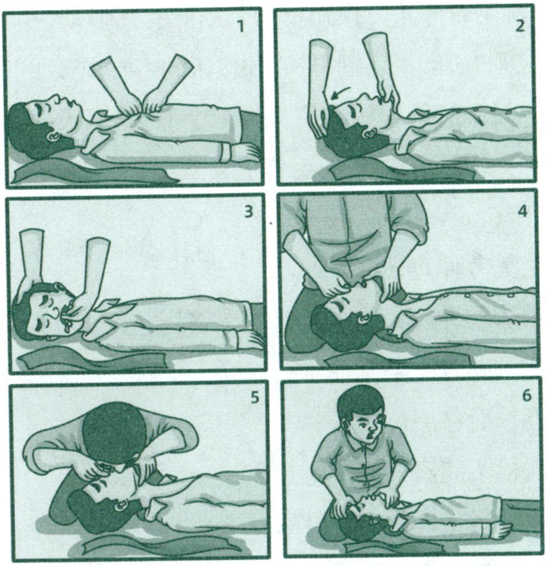

（2）口对口人工呼吸

口对口人工呼吸的主要步骤为：

1）救护人员将压前额手的拇指、食指捏闭伤员的鼻孔，另一只手托下颌；

2）将伤员的口张开，救护人员做深呼吸，用口紧贴并包住伤员口部吹气；

3）伤员胸部有起伏方为有效；

4）脱离伤员口部，放松捏鼻孔的拇指、食指，观察伤员胸廓是否复原；

5）感到伤员口鼻部有气呼出；

6）连续吹气两次，使伤员肺部充分换气。

（3）心脏复苏

判定心跳是否停止，摸伤员的颈动脉有无搏动，如无搏动，立即进行胸外心脏按压。实施胸外心肺按压的主要步骤如下：

1）用一只手的掌根按在伤员胸骨中下 1/3 段交界处；

2）另一只手压在该手的手背上，双手手指均应翘起，不能平压在伤员胸壁；

3）双肘关节伸直；

4）利用体重和肩臂力量垂直向下挤压；

5）使伤员胸骨下陷 4 厘米；

6）略停顿后在原位放松；

7）手掌根不能离开心脏定位点；

8）连续进行 15 次心脏按压；

9）再口对口吹气两次后按压心脏 15 次，如此反复。

91. 中暑时如何急救?

中暑是高温影响下的体温调节功能紊乱，常因烈日暴晒或在高温环境下进行重体力劳动所致。人员中暑后应采取以下急救措施：

（1）搬移。迅速将伤员抬到通风、阴凉、干爽的地方，使其平卧并解开衣扣，松开或脱去衣服，如衣服被汗水湿透应更换衣服。

（2）降温。伤员头部可敷冷毛巾，可用 50% 酒精、白酒、冰水或冷水进行全身擦浴，然后用扇子或电扇吹风，加速散热。有条件的也可用降温毯给予降温。但不要快速降低伤员体温，当体温降至 38 ℃以下时，要停止一切冷敷等强降温措施。

（3）补水。伤员仍有意识时，可给一些清凉饮料，在补充水分时，可加入少量盐或小苏打水。但千万不可急于补充大量水分，否则会引起呕吐、腹痛、恶心等症状。

（4）促醒。伤员若已失去知觉，可指掐人中、合谷等穴，使其苏醒。若呼吸停止，应立即实施人工呼吸。

（5）转送。对于重症中暑伤员，必须立即送医院诊治。搬运伤员时，应用担架运送，不可使伤员步行，同时运送途中要注意，尽可能地用冰袋敷于病人额头、枕后、胸口、肘窝及大腿根部，积极进行物理降温，以保护大脑、心肺等重要脏器。

相关链接

近年来，由于配送员劳动强度大，作息不规律，在炎热天气配送员因中暑而昏迷甚至死亡的案例屡见不鲜。

2017 年 8 月 7 日，杭州某小区监控录像拍下一名外卖骑手因中暑而死亡的画面。监控画面显示，外卖骑手在进入小区后手捂在腹部，弯着腰行走，看上去身体很不舒服。大约过了半个小时，他终于支撑不住，摔倒在地。120 急救车赶到现场时，这名骑手已经处于深度昏迷，生命体征极其微弱，送医后经抢救无效不幸身亡。

2020 年 7 月 26 日，快递员何某顶着酷暑运送快递至当地某小区附近时，突然倒在地上不省人事。路过群众发现这一情况后，第一时间拨打 120 急救电话。然而年仅 28 岁的何某最终因中暑经抢救无效死亡。

92. 昏迷、休克时如何急救？

当职工无法合理判断自身健康，在过劳的情况下坚持工作，往往会导致昏迷、休克，甚至心脏骤停等症状出现。值得注意的是，昏迷与休克并不是一种疾病，而是两种不同的危险状态，诱因、临床表现、危险程度和急救方式也完全不同。

休克是由于各种原因造成的有效循环血量急剧减少，导致微循环灌注不足，引起组织细胞缺氧与代谢异常、器官功能障碍等一系列病理生理变化的临床综合征。休克的一般表现以血压下降和周围循环障碍为特征，如意识改变，表情淡漠，烦躁不安，反应迟钝；面色苍白，四肢湿冷；呼吸急促，脉搏细弱、增快或触摸不到，血压下降或测不到；少尿或无尿等。严重的休克可能迅速危及生命。

人员休克后应采取以下急救方式：

（1）如为出血性休克，有出血尤其是活动性出血，应立即采取有效的止血措施。

（2）取平卧位，还可将双下肢略抬高，利于静脉血回流，以保证相对较多的脑供血。如病人呼吸困难，根据情况可先将头部和躯干略抬高，以利于呼吸。

（3）确保气道通畅，防止发生窒息。可把颈部垫高、下颌托起，使头部后仰。同时，将病人的头部偏向一侧，以防止呕吐物吸入气道而造成窒息。

（4）注意保暖。休克病人体温降低、怕冷，应注意保暖，给病人盖好被子。但是感染性休克常伴有高热，应予以降温，可在颈、腹股沟等处放置冰袋，或用酒精擦浴等。

（5）及时供氧、吸氧。

（6）在采取急救措施的同时，尽快拨打 120 急救电话。

昏迷是由于各种原因导致脑功能受到严重、广泛的抑制，意识丧失，对外界刺激不发生反应，不能被唤醒，是最严重的、持续性的意识障碍，也是脑功能衰竭的主要表现之一。昏迷往往是严重疾病的表现，甚至危及生命。对于昏迷的判断相对来说比较容易。通俗地说，如果遇到突然晕倒的病人，意识丧失、呼之不应、推之不醒，但呼吸、心跳依然存在，这就是人们常说的昏迷。

引发昏迷的原因有很多，无论引起昏迷的原因是否清楚，均应做如下紧急处理：

（1）保持安静，尽量使病人卧床，勿枕高枕。避免不必要的搬动，尤其要避免头部振动。

（2）采取稳定侧卧位，确保气道通畅。注意清理口腔内的呕吐物、分泌物；不要喂水、喂药；如有活动性假牙，应立即取出，以防发生窒息。稳定侧卧位可以使舌头避免气道阻塞，发生呕吐或有分泌物，便于排出，从而可以保持气道通畅。操作方法如下：

1）将病人一侧上肢抬起放在头一侧，将另一手掌放在对侧肩上；

2）将一侧下肢屈曲；

3）抢救者分别将两手放在固定病人肩部和膝关节后面；

4）将病人翻转成侧卧位。

（3）应注意保暖，防止受凉。

（4）对伴有躁动不安或抽搐的病人，应防止坠床。必要时使用保护带，防止病人坠床、摔伤。

（5）一旦发生心脏骤停或呼吸停止，立即进行心肺复苏。

（6）在采取急救措施的同时，尽快拨打 120 急救电话。

93. 烧伤、烫伤时如何急救？

（1）立即用自来水冲洗或浸泡烧伤、烫伤部位 10~20 分钟，也可使用冷敷方法。冲洗或浸泡后尽快脱去或剪去着火的衣服或被热液浸渍的衣服。

（2）轻度烧伤，用清水冲洗后搌干，局部涂烫伤膏，无须包扎。面积较大的烧伤创面可用干净的纱布、被单、衣服覆盖。

（3）伤员发生窒息时，应尽快解除其衣物，如果呼吸停止，立即进行心肺复苏。

（4）密切观察伤员有无进展性呼吸困难，并及时护送到医院进一步诊断治疗。

（5）尽量不挑破水疱。较大的水疱可用缝衣针经火烧烤几秒钟或用 75% 酒精消毒后刺破水泡，放出疱液，但切忌剪除表皮。寒冷季节注意保暖。

（6）烧伤创面上切不可使用药水或药膏等涂抹，以免掩盖烧伤程度。

（7）千万不要给口渴伤员饮用大量白开水。

94. 火灾发生后如何应急处置？

（1）火灾发生后，首先确保人身安全，然后考虑再救火。救火时，从火的外围逐步向里推进，可用水、沙、厚毯子、地毯或灭火器等灭火。

（2）一般的小火，可以自行用水浇灭；如果电气用具着火，首先应该切断电源；对于较猛的火势，如果家中有条件，可使用灭火器扑灭。如果火势无法控制，越燃越大，应立即打火警电话119，通知消防人员。

（3）如果火势过大无法逃生，应躲进安全的房间内，关闭房门，将大火挡在外面，同时向窗外呼救，等待救援。

（4）如果住在高楼，更要沉着冷静，从安全通道逃生，不要随便跳楼。如门、楼梯被火封住，可用湿棉被、湿毯子裹住头和身体冲出或用绳索从窗口下滑，或利用水管下滑。

95. 火灾现场逃生的方法及注意事项有哪些？

（1）火灾现场逃生的方法：

1）扑灭小火，尽力扑灭初起小火；

2）保持镇静，明辨方向后迅速撤离；

3）不入险地，千万不能因为抢救财物而浪费宝贵的逃生时间；

4）利用条件进行简易防护后，蒙鼻匍匐前进逃离；

5）善用逃生通道，不使用普通电梯；

6）利用建筑配置的缓降逃生器或滑绳自救；

7）如确实无法逃离或遇出口已封锁，应立即进入避难场所，固守待援；

8）靠近窗口处，挥动或轻抛衣物，吸引救援人员注意；

9）在能确保生命安全的情况下，低层紧急跳楼也是一种不得已的方法；

10）身上着火，千万不要惊慌跑动；

11）身处险境，自救的同时应该不忘救他人。

（2）火灾现场逃生的注意事项：

1）保持镇静，克服惊慌心理，谨防心理崩溃；

2）逃生时要注意随手关闭通道上的门窗；

3）克服盲目从众行为；

4）火场逃生要迅速，动作越快越好；

5）不要向狭窄的角落退避；

6）不要在烟气中直立行走、做深呼吸，要尽量低姿势匍匐前进，用湿毛巾捂住口鼻；

7）不要因财物等原因重返火场；

8）火场上不要轻易乘坐普通电梯；

9）不要身穿着火衣服跑动；

10）不能盲目跳楼；

11）要正确估计火势的发展和蔓延态势，防止产生侥幸心理。

96. 高层建筑火灾如何逃生？

（1）利用消防电梯进行疏散逃生，着火时千万不能乘坐普通电梯。

（2）利用室内的防烟楼梯、普通楼梯、封闭楼梯进行逃生。

（3）利用建筑物的阳台、通廊、避难层、室内设置的缓降器、救生袋、安全绳等进行逃生。

（4）利用观光楼梯避难逃生。

（5）利用墙边落水管进行逃生。

（6）利用房间床单等物连接起来进行逃生。